国家林业和草原局普通高等教育"十三五"规划教材
浙江省普通高校"十三五"新形态教材
天目山大学生野外实践教育基地联盟系列教材

# 天目山森林病虫实习指导

黄俊浩　王勇军　主编

中国林业出版社

#### 图书在版编目(CIP)数据

天目山森林病虫实习指导/黄俊浩，王勇军主编．—北京：中国林业出版社，2022.5
国家林业和草原局普通高等教育"十三五"规划教材　浙江省普通高校"十三五"新形态教材　天目山大学生野外实践教育基地联盟系列教材
ISBN 978-7-5219-1624-9

Ⅰ.①天…　Ⅱ.①黄…②王…　Ⅲ.①天目山-森林-病虫害-实习-高等学校-教学参考资料　Ⅳ.①S763-45

中国版本图书馆 CIP 数据核字（2022）第 052668 号

---

策划编辑：肖基浒　　　　　　责任编辑：范立鹏
电　话：(010)81363626　　　传　真：(010)83143516

| | |
|---|---|
| 出版发行 | 中国林业出版社（100009　北京市西城区刘海胡同 7 号） |
| | E-mail:jiaocaipublic@163.com |
| | http://www.forestry.gov.cn/lycb.html |
| 印　刷 | 北京中科印刷有限公司 |
| 版　次 | 2022 年 5 月第 1 版 |
| 印　次 | 2022 年 5 月第 1 次印刷 |
| 开　本 | 787mm×1092mm　1/16 |
| 印　张 | 10 |
| 字　数 | 240 千字 |
| 定　价 | 38.00 元 |

未经许可，不得以任何方式复制或抄袭本书之部分或全部内容。

**版权所有　侵权必究**

# 天目山大学生野外实践教育基地联盟系列教材
## 编 委 会

**主　任**：沈月琴

**副主任**：王正加　伊力塔　黄坚钦　俞志飞

**委　员**：（按姓氏笔画排列）
　　　　　王　彬　王正加　代向阳　伊力塔
　　　　　杨淑贞　吴　鹏　沈月琴　金水虎
　　　　　周红伟　赵明水　俞志飞　高　欣
　　　　　郭建忠　黄有军　黄坚钦　黄俊浩

**秘　书**：庞春梅　胡恒康

# 《天目山森林病虫实习指导》
## 编写人员

**主　　编：** 黄俊浩　王勇军

**副 主 编：** 王义平　徐华潮

**编写人员：**（按姓氏笔画排序）

马良进（浙江农林大学）
王义平（浙江农林大学）
王青云（浙江农林大学）
王勇军（浙江农林大学）
李利珍（上海师范大学）
李颖超（北京林业大学）
杨小峰（浙江理工大学）
吴　鸿（浙江农林大学）
金　黎（华东自然签约摄影师）
赵明水（浙江天目山国家级自然保护区管理局）
徐华潮（浙江农林大学）
黄俊浩（浙江农林大学）
樊建庭（浙江农林大学）

# 序

在高等教育教学中,实习作为一个十分重要的教学环节,可以使学生从感性的角度进一步熟悉所学专业知识和技能,从而进一步理解、巩固与深化从课堂上和教材里学到的理论和方法,完成从"学"到"习"的完整过程,推动知识向能力的转化。

农林类学科专业,大都具有较强的实践性特征。如果在学习阶段,相关课程都能有其对应的实习教材作为指导,一定能够大幅提高课程学习的成效。但又因各院校具体实习条件的差异性,以及农林类学科的研究对象本身在时间、空间、环境的多维属性,加之相关材料、实例的搜集整理难度大,就更加难以形成共性很强的经验和指南,也导致了实习教材的编写难度比其他教材更大,编好更难。

位于天目山国家级自然保护区内的浙江农林大学实践教学基地,以天目山独有的、极其丰富的、享誉海内外的野生动植物资源禀赋,在浙江农林大学60余年的办学进程中,既为学校人才培养和科学研究发挥了巨大的作用,也同时为整个华东地区乃至全国相关院校和科研机构开展教学科研提供了十分有力的支持,被相关部门列为国家级大学生校外实践教育基地,是全国普通高等院校实习基地建设的典范。

近年来,浙江农林大学坚持开放办学理念,学校和相关学科发展迅速,成为全国农林类院校高速高质发展的优秀代表。2019年,浙江农林大学依托天目山实践教育基地,成立了由国内近40所院校组成的天目山大学生野外实践教育基地联盟,并将他们60余年的宝贵教学实习资料进行细致整理,组织专门力量编写出版了这套"天目山大学生野外实践教育基地联盟系列教材",为相关院校的专业课程实习提供了从理论到实践的完整解决方案,难能可贵,值得称赞。

这套系列教材的编撰,集结了国内多所优秀高校及科研院所的骨干力量,凝聚了多个专业领域科研工作者的努力和心血,无论是作为天目山自然保护区开展实践,还是用以指导在其他地区开展相关实践教学都能够有较好的指导和借鉴作用,相信能够很好地促进相关高校大学生野外实习教学质量的提升。

这套系列教材的出版,不仅在一定程度上解决了相关学科领域教学实践上的迫切需求，也很好地呼应了国家对"新农科"建设的新愿景，充分体现了浙江农林大学对"新农科"人才培养的重视和涉农涉林涉草高校和科研院所在"新农科"建设和人才培养中的责任和担当，为其他相关院校的实习基地和实习教材建设提供了很好的范式。

中国工程院院士

2020 年 1 月

# 前 言

森林病虫野外实习是植物保护和森林保护理论与实践结合的重要一环，对于专业学生深入学习了解和认知林木病害、大型真菌和森林昆虫具有重要意义，也是激发学生探索发现能力和实践创新能力的一项重要实践活动。

天目山地处浙皖交界，地形复杂、气候温和、雨水充沛，形成了多变的区域性小气候和多样的森林类型，植物区系古老、成分复杂，拥有保存较为完整的中亚热带原始森林，大量珍稀濒危野生动植物栖息其中，生物多样性丰富，是"森林昆虫学""林木病理学""基础生物学"等课程野外实习的理想场所。

天目山国家级自然保护区依托浙江农林大学教学科研平台优势于2013年成功获批国家级大学生校外实践教育基地。2019年，由浙江农林大学和浙江天目山国家级自然保护区管理局牵头，浙江农林大学与浙江大学、南京大学、复旦大学、华东师范大学共同发起成立了天目山大学生野外实践教育基地联盟。此联盟主要致力于建立完善的野外实践教育基地人才培养体系，服务高校创新创业人才培养，打造一流实习基地品牌，截至目前已吸引40余所高校加盟。

为深入贯彻习近平总书记给全国涉农高校书记校长和专家代表重要回信精神和全面推进"新农科"建设，切实提升人才培养质量，基于森林保护学教学需求和天目山独特的自然生态环境条件，我们在多年野外实践教学积累下来的经验基础上，结合前期出版的《天目山森林昆虫实习手册》，补充林木病害和大型真菌的实习内容，对相关内容进行完善，并参考诸多国内外优秀的野外实践指导教材，编写了《天目山森林病虫实习指导》。

为了更生动有趣地呈现天目山森林病虫，华东自然签约摄影师金黎和北京林业大学李颖超分别分享了102幅和47幅精美的保护区常见昆虫生态照片。同时，我们十分感谢中国科学院动物研究所梁红斌、陈小琳、韩红香、姜楠、白明、林美英、姜春燕、路园园、黄正中，安徽大学万霞，重庆师范大学于昕，北京林业大学张东，西北大学谭江丽，河北大学刘浩宇，青岛农业大学张晓，盐城师范大学宋志顺，河南科技大学李文亮，福建省林业科学研究院宋海天，华南农业大学王兴民，南京农业大学张峰等昆虫分类专家对相关类群的物种鉴定和对本书编写的支持。

　　此书作为国家林业和草原局普通高等教育"十三五"规划教材以及浙江省普通高校"十三五"新形态教材，致力于为联盟成员单位及其他高校师生在天目山开展森林病虫野外教学实习提供指导和借鉴。各位编者虽做了一定努力，但限于作者水平和学科的持续动态发展，书中难免存在错漏和不妥之处，恳请广大同行及师生批评指正。

编　者

于浙江农林大学

2021 年 9 月

# 目 录

序
前 言

**第一章　自然概况** ………………………………………………………………… (1)
　第一节　气　候 …………………………………………………………………… (2)
　第二节　地质地貌 ………………………………………………………………… (2)
　第三节　植　被 …………………………………………………………………… (3)

**第二章　天目山林木病害概况** …………………………………………………… (6)
　第一节　天目山林木病害调查历史 ……………………………………………… (6)
　第二节　天目山林木病害主要种类 ……………………………………………… (7)

**第三章　天目山大型真菌概况** …………………………………………………… (8)
　第一节　天目山大型真菌的组成与特点 ………………………………………… (8)
　第二节　天目山大型真菌的分布 ………………………………………………… (10)

**第四章　天目山昆虫资源情况** …………………………………………………… (13)
　第一节　天目山昆虫采集和研究简史 …………………………………………… (13)
　第二节　天目山昆虫区系分布特征 ……………………………………………… (14)

**第五章　实习的目的、要求和准备** ……………………………………………… (15)
　第一节　实习的目的和要求 ……………………………………………………… (15)
　第二节　实习的组织和实施 ……………………………………………………… (16)
　第三节　实习的注意事项 ………………………………………………………… (16)

**第六章　林木病害实习的方法与技术** …………………………………………… (18)
　第一节　林木病害识别与诊断 …………………………………………………… (18)
　第二节　林木病害标本采集与制作 ……………………………………………… (21)
　第三节　生物显微技术与组织切片技术 ………………………………………… (24)
　第四节　林木病原物的培养 ……………………………………………………… (31)

**第七章　大型真菌标本实习的方法与技术** ……………………………………… (40)
　第一节　大型真菌标本采集 ……………………………………………………… (40)

第二节　大型真菌标本处理 …………………………………………………… (43)
　第三节　大型真菌菌种分离和培养 …………………………………………… (44)
　第四节　真菌的载片培养法 …………………………………………………… (45)
　第五节　大型真菌标本形态鉴别 ……………………………………………… (45)
　第六节　大型真菌菌丝体的分子鉴定 ………………………………………… (49)
　第七节　大型真菌标本的保存 ………………………………………………… (50)
第八章　森林昆虫实习的方法与技术 ……………………………………………… (52)
　第一节　昆虫采集方法与工具 ………………………………………………… (52)
　第二节　昆虫标本临时保存和处理 …………………………………………… (56)
　第三节　昆虫标本的制作 ……………………………………………………… (57)
　第四节　昆虫标本的永久保存 ………………………………………………… (60)
　第五节　昆虫鉴定的基本方法 ………………………………………………… (60)
　第六节　昆虫采集注意事项 …………………………………………………… (62)
第九章　主要林木病害识别 ………………………………………………………… (64)
　第一节　种子和苗木病害 ……………………………………………………… (64)
　第二节　针叶树主要病害 ……………………………………………………… (65)
　第三节　阔叶林主要病害 ……………………………………………………… (68)
　第四节　经济林主要病害 ……………………………………………………… (70)
　第五节　竹子主要病害 ………………………………………………………… (72)
　第六节　果树主要病害 ………………………………………………………… (72)
　第七节　林木根部病害 ………………………………………………………… (74)
第十章　常见大型真菌识别 ………………………………………………………… (76)
　第一节　大型真菌常见类群检索表 …………………………………………… (76)
　第二节　天目山主要大型真菌 ………………………………………………… (81)
第十一章　常见昆虫识别 …………………………………………………………… (95)
　第一节　昆虫识别的形态学基础 ……………………………………………… (95)
　第二节　常见昆虫类群识别 …………………………………………………… (100)
　第三节　天目山常见昆虫 ……………………………………………………… (122)
参考文献 ……………………………………………………………………………… (130)
附　录 ………………………………………………………………………………… (131)
　附录一　《天目山大学生野外实践教育基地》联盟章程 …………………… (131)
　附录二　天目山部分常见林木病害生态照 …………………………………… (135)
　附录三　天目山部分常见大型真菌生态照 …………………………………… (138)
　附录四　天目山部分常见森林昆虫生态照 …………………………………… (139)

# 第一章 自然概况

天目山国家级自然保护区地处浙江省西北部杭州市临安区境内的西天目山，其东部、南部与杭州市临安区西天目乡毗邻，西部与杭州市临安区千洪乡和安徽省宁国市接壤，北部与浙江安吉县境内的龙王山国家级自然保护区交界（图1-1）。位于东经119°23′47″~119°28′27″，北纬30°18′30″~30°24′55″，总面积4284 hm²。天目山国家级自然保护区距杭州94 km，与上海、苏州、南京、宁波等城市直线距离均在80~200 km范围内，交通体系较为完备，从浙江杭州、江苏、上海、安徽等地到天目山都有便捷的交通。

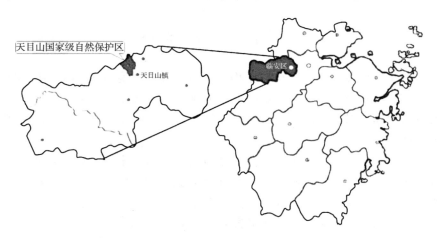

**图1-1 天目山区位图**

保护区内的西天目山（主峰仙人顶，海拔1506 m）与区外的东天目山（主峰大仙顶，海拔1479 m）两山相对，两峰巅各有一池，都称"天池"，池水长年不枯，宛若巨目仰望苍天，天目山由此得名。天目山古称"浮玉""天眼"，天目之名始于汉，显于梁，宋、元、明、清时名声大盛，为历代宗教名山。自汉以来，僧侣们相继在此择地建寺。西汉道教大宗张道陵出生于此，自汉以来，僧侣在此炼丹学医；佛教始于晋代，中兴于唐宋，为日本临济宗发祥地，清康熙四年建禅源寺。由于历代僧侣的巡山护林，保存了天目山原生性的森林植被，但20世纪三四十年代，由于战事纷繁，山麓部分森林遭到破坏。

保护区始建于1953年，即当时的天目山林场；1956年被林业部列为森林禁伐区；1975年由浙江省人民政府确立为省级自然保护区；1986年经国务院批准，成为全国首批20个国家级自然保护区之一；1996年被联合国教科文组织接纳为国际人与生物圈保护区网络成员。

# 第一节 气 候

天目山国家级自然保护区气候具有中亚热带向北亚热带过渡的特征，并受海洋暖湿气候的影响较深。天目山屏风般耸立于杭嘉湖平原的西北面，阻挡东海热气流西进，使得水汽凝结、雨量增加，常形成树雨，逐渐成为浙江西北部的多雨中心，是长江和钱塘江部分支流的发源地和分水岭。保护区内森林植被茂盛，高山深谷地形复杂，形成季风强盛、四季分明、气候温和、雨水充沛、光照适宜、复杂多变多类型的森林生态气候。

保护区自山麓（禅源寺）至山顶（仙人顶），年平均气温 $8.8 \sim 14.8$ ℃；最冷月平均气温 $-2.6 \sim 3.4$ ℃；极端最低气温 $-20.2 \sim -13.1$ ℃；最热月平均气温 $19.9 \sim 28.1$ ℃，极端最高气温 $29.1 \sim 38.2$ ℃；$\geq 10$ ℃有效积温 $2500 \sim 5100$ ℃；无霜期 $209 \sim 235$ d；年雨日 $159.2 \sim 183.1$ d；年雾日 $64.1 \sim 255.3$ d；年降水量 $1390 \sim 1870$ mm；年太阳辐射 $32.7 \times 10^8 \sim 44.6 \times 10^8$ J/m$^2$；空气相对湿度 $76\% \sim 81\%$。按气温指标衡量，春秋季较短，冬夏季偏长。

# 第二节 地质地貌

天目山地形变化复杂，地表结构以中山—深谷、丘陵—宽谷及小型山间盆地为特色。海拔1000 m以上的山峰较多，河谷深切 $700 \sim 1000$ m，峭壁突生，怪石林立，峡谷众多。山势自西南向东北逐渐降低。山体南、北西侧属典型丘陵地形，山丘浑圆，坡度和缓，宽谷与山间小盆地错列其间。

保护区在区域地质上位于扬子准地台南缘钱塘凹陷褶皱带。3.5亿年前，该地区为一广阔的海域。在距今1.5亿年的燕山期，火山活动强烈，喷发了大量酸性岩浆，形成了现今天目山的主体。该地区主要断裂有两条：一条自后山门至大觉寺断裂；另一条自朱陀岭东麓仙人亭向南西延伸经禅源寺、乌子岭断裂。保护区内地层主要是侏罗系中统黄尖组，为一套灰—深灰—紫灰色的陆相火山岩。地层厚度 $2830 \sim 2910$ m。地层划分属西天目山—黄天坪火山活动亚带。

保护区在禅源寺后海拔450 m以上，地貌全为侏罗系黄尖组的流纹斑岩、晶屑熔结凝灰岩分布区，并以流纹斑岩和其二组垂直节理形成悬崖陡壁、深沟峡谷，构成四面峰、倒挂莲花、狮子口、象鼻峰等地的奇特岩石地貌景观。后山门海拔450 m以下为寒武系华严寺组灰岩、白云岩和西阳山组薄层条带状灰岩、泥质灰岩等，此段发育岩溶地貌，形成华严溶洞，构成低山地形。禅源寺盆地内的松散堆积物都是山上的流纹斑岩、熔结凝灰岩类，巨块最大直径可达10 m以上。

## 第三节 植 被

保护区地处中亚热带的北缘，地带性植被为常绿阔叶林。由于区内地势较为陡峭，海拔上升快，气候差异大，植被的分布有着明显的垂直界限，在不同海拔地带上有其特殊的植物群落和物种。自山麓到山顶垂直带谱为：海拔 870 m 以下为常绿阔叶林区；870~1100 m 为常绿落叶阔叶混交林；1100~1380 m 为落叶阔叶林；1380~1506 m 为落叶矮林。区内植物资源丰富，区系复杂，组成的植被类型比较多，依据植物群落的种类组成、外貌结构和生态地理分布，森林植被类型可分为 8 个植被型和 30 个群系组（图 1-2）。

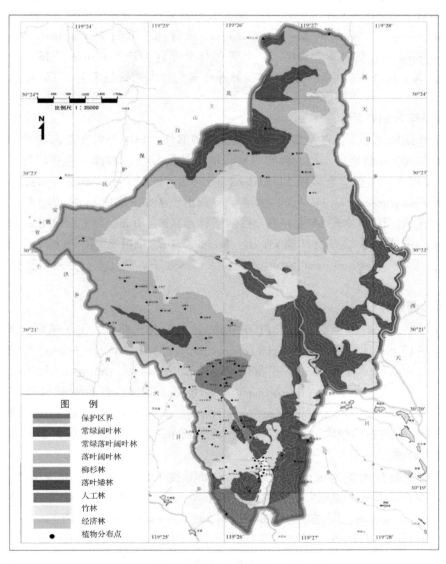

图 1-2　天目山国家级自然保护区植被分布图

**(1) 常绿阔叶林**

常绿阔叶林是本区的地带性植被，主要分布于海拔 200 m 以下，沟谷地段海拔可达 870 m 左右，且海拔 400 m 以下占绝对优势。本区林木植被主要有青冈 *Cyclobalanopsis glauca*、苦槠 *Castanopsis sclerophylla*、甜槠 *Castanopsis eyrei*、木荷 *Schima superba*、细叶青冈 *Cyclobalanopsis gracilis*、紫楠 *Phoebe sheareri*、小叶青冈 *Cyclobalanopsis myrsinifolia*、交让木 *Daphniphyllum macropodum*、柯 *Lithocarpus glaber* 8 个群系组。青冈、苦槠林在象鼻山东南坡海拔 200 m 处有成片分布。青冈、甜槠林则分布在象鼻山海拔 300 m 左右，其中掺杂石楠 *Photinia serratifolia* 等林木。青冈、木荷林在象鼻山南坡山脊海拔 270 m 处有分布，同时分布着刺柏 *Juniperus formosana*、冬青 *Ilex chinensis*、豹皮樟 *Litseacoreana* var. *sinensis* 等林木。西天目山南坡海拔 600~800 m 处沟谷地段有大面积紫楠林分布，同时还分布有榧树 *Torreya grandis*、天竺桂 *Cinnamomum japonicum*、小叶青冈、毛竹 *Phyllostachys edulis*、枫香 *Liquidambar formosana* 等林木。青冈、小叶青冈林分布在海拔 800 m 左右的七里亭，青冈高达 25 m，属上层乔木，小叶青冈次之，另外还有交让木、天目木姜子 *Litsea auriculata* 等树种。

**(2) 常绿落叶阔叶林**

常绿落叶阔叶林是本区的主要植被，也是精华部分，集中分布在低海拔的禅源寺周围和海拔 850~1100 m 的地段。植物种类丰富，群落结构复杂、多样，呈复层林。第一层林木高达 30 m 以上，主要有金钱松 *Pseudolarix amabilis*、柳杉 *Cryptomeria japonica* var. *sinensis*、香果树 *Emmenopterys henryi*、天目木姜子、黄山松 *Pinus taiwanensis* 等；第二层林木高达 20 m 以上；第三层林木高 15 m 左右；第四层林木高 8~10 m；第五层高 8 m 以下；此外还有灌木层。主要群系组有浙江楠 *Phoebe chekiangensis*、细叶青冈、麻栎 *Quercus acutissima*、苦槠、蓝果树 *Nyssa sinensis*、小叶青冈、天目木姜子、交让木、香果树、枹栎 *Quercus serrata* 等。

**(3) 落叶阔叶林**

落叶阔叶林主要分布于本区海拔 1100~1380 m 处。林木萌生，主干粗短，多分叉，树高一般在 10~15 m。主要群系组有白栎 *Quercus fabri*、锥栗 *Castanea henryi*、茅栗 *Castanea seguinii*、灯台树 *Cornus controversa*、四照花 *Cornus kousa* subsp. *chinensis*、榛 *Corylus heterophylla*、枹栎、领春木 *Euptelea pleiosperma* 8 个群系组。茅栗、灯台树林分布在阳坡海拔 1300 m 左右处，间有枹栎、天目槭 *Acer sinopurpurascens*、四照花等。四照花、榛林主要分布在海拔 1350 m 左右的地段上，间有枹栎、鸡爪槭 *Acer palmatum* 和椴树 *Tilia tuan* 等。

**(4) 落叶矮林**

落叶矮林主要分布于本区近山顶地段，地处海拔 1380 m 以上。因海拔高、气温低、风力大、雾霜多等因素，使原来的乔木树种树干弯曲，呈低矮丛生。主要有鸡树条 *Viburnum opulus* var. *calvescens*、野海棠 *Bredia hirsuta* var. *scandens*、三桠乌药 *Lindera obtusiloba*、四照花 4 个群系组。鸡树条、野海棠群系组分布在仙人顶西侧海拔 1450 m 处，间有中国绣球 *Hydrangea chinensis*、华空木 *Stephanandra chinensis* 和荚蒾属植物等。三桠乌药、四照花群系组分布在仙人顶西侧 1500 m，间有箬竹 *Indocalamus tessellatus*、华东野胡桃 *Juglans mandshurica* var. *formosana* 等。

**(5) 竹林**

竹林在本区有 3 个群系组：毛竹林主要分布在海拔 350~900 m 处，常与苦槠、青冈、榉树 *Zelkova serrata*、枫香等混生；箬竹林主要分布在海拔 1200~1500 m 的山坡，大多与落叶阔叶树混生；石竹 *Dianthus chinensis*、水竹 *Phyllostachys heteroclada* 林，西关分布较多。天目山毛竹种群所处群落层次现象明显，可以分为乔木层、灌木层和草本层，地被层不发达。毛竹林主要分布在东坞坪、后山门、青龙山、太子庵、荆门庵一带。

**(6) 针叶林**

本区既有常绿针叶林，也有落叶针叶林，在西天目山占有极其重要的地位，构成壮观的林海，是该山的特色植被。主要有柳杉、金钱松、马尾松 *Pinus massoniana*、黄山松、杉木 *Cunninghamia lanceolata*、柏木 *Cupressus funebris* 6 个群系组。巨柳杉群落是该山最具特色的植被，树高林密，从禅源寺（海拔 350 m）到开山老殿（海拔 1100 m）呈行道树式分列道路两旁。胸径在 50 cm 以上的有 2032 株，100 cm 以上的有 664 株，200 cm 以上的有 19 株。金钱松为我国特产，西天目山的金钱松长得特别高大，居百树之冠，有"冲天树"之称，最高株达 58 m，其松散分布于海拔 400~1100 m 地段的阔叶林中，其中胸径 50 cm 以上的有 307 株。

**(7) 沼泽植被**

主要分布于老殿东侧沟谷、太子庵沟谷、禅源寺前和东茅篷、池边等地。有禾草沼泽和莎草沼泽，总盖度一般在 40% 左右。

**(8) 水生植被**

主要种类有空心莲子草 *Alternanthera philoxeroides*、槐叶萍 *Salvinia natans*、眼子菜 *Potamogeton distinctus*、狐尾藻 *Myriophyllum verticillatum* 等。

# 第二章 天目山林木病害概况

植物在自然界里的生长和发育从来都不可能十分顺利或轻易成功，会遇到各种各样的挑战与威胁。任何影响植物健康生长发育的因素都有可能影响其产量与质量，或者破坏其生态功能，从而影响其利用价值。林木在生活过程中，由于受生物或非生物因素的影响，在生理、组织结构和外部形态上产生一系列局部的或整体的异常变化，生长发育受到显著影响，甚至出现死亡，这种现象被称作林木病害。

林木病害严重发生造成了病害的流行并形成灾害，对林木生长产生明显的影响，甚至会导致林木大面积死亡。在世界范围内，近百年来已发生过多起因林木病害的大面积流行而导致重大经济和生态损失的事件。例如，1904年在美国纽约的美洲栗 *Castanea americana* 首次发现了板栗疫病 *Cryphonectria parasitica*，此后40多年此病害席卷了美国东部几乎所有的天然板栗林，引起约35亿株美洲栗的死亡，造成了毁灭性的破坏。榆树枯萎病 *Ophiostoma ulmi* 曾在欧洲、北美洲、中亚的30多个国家肆虐，对榆树产生了毁灭性破坏，造成了巨大的经济和生态损失。松材线虫病 *Bursaphelenchus xylophilus* 自1982年在南京紫金山首次发现以来，在我国南方快速传播扩散，是我国近年来最具危险性和严重性的林木病害。

天目山气候具有中亚热带向北亚热带过渡的特征，并受海洋暖湿气候的影响较大，森林植被茂盛，高山深谷地形复杂，形成季风强盛、四季分明、气候温和、雨水充沛、光照适宜、复杂多变多类型的森林生态气候。天目山植物种类丰富，病害种类繁多，特别是由于人类活动的干扰，病害种类出现多变，对天目山自然资源保护产生严重的威胁。

## 第一节 天目山林木病害调查历史

对天目山植物病害进行系统的采集和研究起始于20世纪80年代，浙江林学院（今浙江农林大学）陈继团和俞彩珠首次针对天目山自然保护区开展了森林植物病害的系统研究，确定了195种真菌性病害、3种细菌性病害、2种类菌质体病病害、6种毛毡病、2种线虫引起的病害、1种寄生性种子植物、1种生理性病害等，为害寄主133种。后续研究主要围绕天目山重要树种和重要病害展开。

## 第二节　天目山林木病害主要种类

天目山林木种类繁多，主要包括针叶树种、阔叶树种等。病害发生及种类会因寄主、环境条件的改变而产生变化。

**(1) 主要针叶林病害**

天目山主要针叶树种有马尾松、黄山松、黑松、杉木、柳杉、金钱松、日本冷杉等。病害主要发生在针叶、枝干及根部。松材线虫病是系统性病害。马尾松主要病害包括松材线虫病、松落针病、赤枯病、赤落叶病、疱锈病、松疱锈病、松针锈病等。黄山松主要病害有松材线虫病、松疱锈病、松针锈病。黑松主要病害有松材线虫病、松疱锈病、落针病、松针褐斑病等。杉木主要病害有细菌性叶枯病、炭疽病、叶枯病（又称落针病）、枝萎病、藻斑病、杉苗烂头病、杉苗茎腐病、杉苗猝倒病等。柳杉主要病害有瘿瘤病、赤枯病等。金钱松主要病害有苗赤枯病、叶枯病等。日本冷杉主要病害是秃梢病。

**(2) 主要阔叶林病害**

阔叶林主要病害发生在叶部、果实、枝干以及根部，主要有白粉病、灰霉病、叶枯病、溃疡病、煤污病、毛毡病、炭疽病、叶锈病、枯萎病等。引起病害发生的有真菌、细菌、植原体、病毒、线虫及寄生性种子植物等。

# 第三章

# 天目山大型真菌概况

春、夏两季直至初秋，在一些树林的草地、枯木、腐土上常可见到一些美丽的菇类出现，它们都是大型真菌。大型真菌又称蕈菌，是指真菌中形态结构比较复杂，子实体较大，可用肉眼直接看到和进行一般观察的种类，如蘑菇 *Agaricus campetris*、香菇 *Lentinus edodes*、木耳 *Auricularia auricula*、灵芝 *Ganoderma lucidum*、马勃 *Lycoperdon polymorphum*、银耳 *Tremella fuciformis*、猴头菌 *Hericium erinaceus*、羊肚菌 *Morchella esculenta* 等。

大型真菌对于维持森林生态系统稳定具有重要的调控作用，部分大型真菌在食品、医药、环境保护等方面具有重要的经济价值，与工农业生产、医药卫生、环境保护和生物学基本理论研究等关系密切。在自然生态系统中，大型真菌是物质和能量转换的重要中间体，还会与植物、昆虫及其他节肢动物等共生，促进整个生物圈的繁荣。它们是多种酶、生物碱、多糖等生物活性物质的产生菌。自古以来，我们的先民就食用多种蘑菇，历代本草还记录了大量大型真菌的药用价值。现今，食(药)用菌生产已成为我国农业经济的三大产业之一，并成为一些地区发展经济的重要支柱产业。在环境治理保护方面，大型真菌在造纸和化工污水处理、农田秸秆降解和生物测定等发挥着特别重要的作用。在有害性方面，误食毒蘑菇造成中毒甚至死亡的事件时有发生；木腐菌是木材腐烂的罪魁祸首之一，可给林业生产、日常生活以及其他经济活动造成较大损害。

## 第一节 天目山大型真菌的组成与特点

天目山优越的自然条件蕴藏了较为丰富的真菌资源，据 1992 年和 1996 年的研究报告，现知大型真菌 258 种、地衣 48 种。按最能反映生态习性的生长繁殖基物划分，天目山的大型真菌主要可分为木生类、土生类、粪生类等，还有少数着生于其他基质上，如生于枯叶上的叶生小皮伞 *Marasmius epiphyllus*、生于昆虫上的蛹虫草 *Cordyceps militaris*、与木本植物根部共生的外生菌根菌蜜环菌 *Armillaria mellea* 等。

木生类常见的有：木耳、毛木耳 *Auricularia polytricha*、灵芝、树舌 *Ganoderma applanatum*、苦白蹄 *Fomitopsis officinalis*、云芝 *Coriolus versicolor*、红栓菌 *Trametes cinnabarina*、硫黄菌 *Laetiporus sulphureus*、裂褶菌 *Schizophyllum commune*、香菇、侧耳 *Pleurotus ostreatus*、

粉褶菌 *Entoloma prunuloides*、白蛋巢 *Crucibulum vulgare* 等。

天目山的大型真菌存在以下类群：

①子囊菌门。包括肉座菌目 Hypocreales 的蛹虫草 *Corydeps militaris*、竹黄菌 *Shiraia bambusicola*；炭角菌目 Xylariales 的炭团菌 *Hypoxylon multiforme* 和多形炭角菌 *Xylaria polymorpha*；盘菌目 Pezizales 的褐地碗 *Peziza abietina*、尖顶羊肚菌 *Morchella conica*、棱柄马鞍菌 *Helvella crispa*。

②担子菌门。银耳目 Tremellales 的木耳；多孔菌目 Polyporales 的花状革菌 *Thelephora anthocephala*、红枝瑚菌 *Ramaria rufescens*、杯珊瑚菌 *Clavicorona pyxidata*、鸡油菌 *Cantharellus cibarius*、耙齿菌 *Irpex lacteus*、白齿菌 *Hydnum repandum*、黄白卧孔菌 *Poria subacida*、灵芝、树舌、苦白蹄、裂蹄木层孔菌 *Phellinus linteus*、云芝、毛多孔菌 *Polyporus hirsutus*、红栓菌、白栓菌 *Trametes lactinea*、硫黄菌、松塔牛肝菌 *Strobilomyces strobilaceus*、黏盖牛肝菌 *Suillus bovinus*、褐疣柄牛肝菌 *Leccinum scabrum*；伞菌目 Agaricales 的红蜡伞 *Hygrocybe punicea*、辣乳菇 *Lactarius piperatus*、松乳菇 *L. deliciosus*、绿菇 *Russula virescens*、变色红菇 *R. integra*、毒红菇 *R. emetica*、革耳 *Panus rudis*、香菇、侧耳、枝生微皮伞 *Marasmiellus ramealis*、硬柄皮伞 *Marasmius oreades*、脐顶皮伞 *M. chordalis*、紫红皮伞 *M. haematocephalus*、蜜环菌、水银伞 *Clitocybe opaca*、冬菇 *Flammulina velutipes*、灰鹅膏菌 *Amanita vaginata*、高大环柄菇 *Macrolepiota procera*、粉褶菌 *Entoloma prunuloides*、灰褐香蘑 *Lepista luscina*、黄鳞环锈伞 *Pholiota flammans*、丝盖伞 *Inocybe caesariata*、薄褶丝盖伞 *I. leptophylla*、墨汁鬼伞 *Coprinopsis atramentaria*、林地蘑菇 *Agaricus silvaticus*；鬼笔目 Phallales 的红鬼笔 *Phallus rubicundus*、长裙竹荪 *Dictyophora indusiata*；灰包目 Lycoperdales 的梨形灰包 *Lycoperdon pyriforme*、网纹灰包 *L. perlatum*、头状马勃 *Calvatia craniiformis*、大口静灰球 *Bovistella sinensis*、尖顶地星 *Geastrum triplex*；鸟巢菌目 Nidulariales 的白蛋巢等。

按照利用价值，天目山的大型真菌可大致划分为食用菌、药用菌和毒菌。有一些野生的美味食用菌，如木耳、银耳、香菇、蜜环菌、鸡油菌、侧耳、羊肚菌、长裙竹荪、香乳菇、大红菇、金针菇 *Flammulina velutipes* 及斗菇等，营养价值高，口味好。羊肚菌也在4~5月经常出现，但分布范围窄，出菇时间短。药用菌多集中在多孔菌科的灵芝属 *Ganoderma*、云芝属 *Coriolus* 和栓菌属 *Trametes* 3个属，还有虫草属 *Cordyceps*、竹黄属 *Shiraia*、皮伞属 *Marasmius* 等药用菌类。另外，还有多种大型真菌是药物开发的重要资源，如对胆囊炎、急性和慢性肝炎等有一定疗效的裂褶菌、云芝、蜜环菌、假蜜环菌等；可用于合成甾体药物硫黄菌和苦白蹄等；可制成舒筋散或舒筋丸，有活血通筋之功效的桦褶孔菌、黄多孔菌、空柄假牛肝菌、白乳菇、臭黄菇和大红菇等；马勃等有外伤止血作用；白栓菌和长根静灰球等对心血管疾病、呼吸系统疾病等有药效。天目山的毒菌主要集中在锈伞科的毛锈伞属、毒伞科的毒伞属 *Amanita* 和包脚菇属 *Volvariella*。

许多可食大型菌同时也具有药用价值，如木耳、银耳和香菇等；许多药用菌在幼嫩时也可以食用，如几种马勃和灰包，幼年可食，成熟后则具有止血止痛等药用价值；而有的毒菌，也会兼有药用或食用价值，如鬼伞属 *Coprinopsis* 的少数种，幼年可食，成熟后有毒，但有一定的药用价值，其中墨汁鬼伞有抗癌作用。

# 第二节　天目山大型真菌的分布

天目山大型真菌的分布与海拔有关。真菌的种类和数量一般随海拔呈垂直分布，多出现在海拔 350~600 m，仙人顶分布极为稀少。另外，真菌的分布也与植被类型密切相关。禅源寺附近，天然居至五里亭，红庙附近，五代同堂至老殿的常绿阔叶林、常绿落叶阔叶林、针叶阔叶混交林和杂灌丛林地的大型真菌种类丰富、数量多；而针叶林、毛竹林和矮灌木林地的真菌种类和数量明显稀少。

## 一、天目山大型真菌的垂直分布

天目山的大型真菌物分布除与水分、温度、湿度、土壤、地形、植被以及枯枝落叶等因素有密切相关外，海拔变化对大型菌物种类的分布影响极大。

**(1)海拔 200~600 m 间的低山林带**

主要是常绿阔叶林，向上也有暖性针叶林，形成了天然的针叶阔叶混交林。这一地带土壤以红壤为主，植物保存较完整，森林葱郁茂密，倒木横生，落叶层厚，气候温暖、湿润，土层厚、肥力高。森林的树种组成较为复杂，生态类型多样，丰富的植物种类可促进林中大型真菌的生长发育。发生在本带的大型真菌种类较多，以多孔菌科 Polyporaceae、红菇科 Russulaceae、牛肝菌科 Boletaceae、口蘑科 Tricholomataceae、侧耳科 Pleurotaceae 和盘菌科 Pezizaceae 等占优势。常见的种类有云芝、桦褶孔 Lenzites betulina、木耳、毛木耳、粪碗菌 Peziza versiculosa、红盾盘菌 Scuiellinia scutellata、半开羊肚菌 Morchella semilibera、毛鞭炭角菌 Xylaria ianthino-velutina、宽鳞大孔菌 Favolus squamosus、硫黄菌、灰树花 Grifola frondosa、香菇、爪哇香菇 Lentinus javanicus、革耳 Panus rudis、红汁乳菇 Lactarius hatsudake、变色红菇 Russula integra、毒红菇、网纹灰包 Lycoperdon perlatum、松生拟层孔菌 Fomitopsis pinicola、裂褶菌、紫色丝膜菌 Cortinarius purpurascens、条纹灰杯伞 Clitocyba expallus、粗壮杯伞 Clitocybe robusta、豹皮菇 Lentinus lepideus、香革耳 Panus suavissimus、灰褐牛肝菌 Boletus griseus、点柄黏盖牛肝菌 Suillus granulatus、波纹桩菇 Paxillus curtisii、浓香乳菇 Lactarius camphoratus 等。

**(2)海拔 600~1100 m 中山林带**

植物随地势升高发生变化，主要为落叶阔叶混交林和温性针叶阔叶混交林。气候具有湿凉湿润的特点，全年多阴雨，湿润度较高，由红壤过渡到黄壤，植被常绿成分减少。本带常见的大型真菌种类有宽鳞大孔菌 Favolus squamosus、木耳、毛木耳、红栓菌、杯珊瑚菌 Clavicorona pyxidata、蓝色伏革菌 Corticium caeruleum、白侧耳 Pleurotus albellus、萤光小菇 Mycena glutinasa、绒柄小皮伞 Marasmius confuens、香栓菌 Trametes suaveloens、黄皮美口菌 Calostoma junghuhnii、彩绒革盖菌 Coriolus versicolor、铜色牛肝菌 Boletus aereus、棕灰口蘑 Tricholoma terreum、小托柄鹅膏 Amanita farinosa、粪生黑蛋巢菌 Cyathus stercoreus、隆纹黑蛋巢菌 Cyathus striatus、角鳞白鹅膏 Amanita solitaria、花脸香蘑 Lepista sordida 等，而白蘑科 Tricholomataceae、毒伞科 Amanitacea 的种类很少见。

**(3) 海拔 1100~1500 m 林带**

地势升高，云雾较多，气温较低，一般风大，土质为黄棕壤。山地落叶灌丛居于优势，植被的落叶成分明显增加。植物种类组成改变，大型真菌树生种类随落叶树种增加而逐步增加，地上个体大的种类比例呈下降趋势，其他牛肝菌科、红菇科等中的种类基本消失。在山顶林带，常年风大，年均气温低，属山地温带湿润气候，形成亚高山灌丛。树干基部及岩石有苔藓、地衣植物附生，土层较薄，为山地灌丛草甸土，植物种类少。在本带生长的大型真菌种类较少，以多孔菌为多，且种群密度低。随着海拔升高，地生伞菌类的种类及数量趋向于逐渐减少，而树生多孔菌的种类和数量有递增的趋势。可见木耳、毛木耳、银耳、金黄银耳 Tremella mesenterica、树舌、灵芝、木蹄层孔菌 Fomes fomentarius、血红栓菌 Pycnoporus sanguineus、裂褶菌、林地蘑菇 Agaricus silvaticus、金针菇、香菇、安络小皮伞 Marasmiellus androsaceus、紫革耳 Panus conchatus、糙皮侧耳 Pleurotus ostreatus、网柄牛肝菌 Retiboletus ornatipes、绒盖牛肝菌 Xerocomus subtomentosus、波纹桩菇 Paxillus curtisii、关西红菇 Russula kansaiensis、网纹马勃 Lycoperdon perlatum 等。

## 二、天目山大型真菌与森林植被类型的关系

影响大型真菌种类分布的因素，除气候、海拔和土壤外，植物种类的组成对大型真菌种类的分布影响更大。

**(1) 常绿阔叶林中的大型真菌**

分布于自山脚至海拔 600~700 m 的山坡地带，林下土壤为山地黄壤，微酸性。这一林带分布着较多的大型真菌，常见的有：红蜡伞、叶生皮伞 marasmius epiphyllus、干小皮伞 marasmius siccus、桂花耳 Guepinia spathularia、黑木耳、毛木耳、网柄牛肝菌、橙盖鹅膏菌 Amanita caesarea、蜜环菌、假蜜环菌 Armillaria tabescens、稀褶黑菇 Russula nigricans、马勃等种类。

**(2) 柳杉林中的大型真菌**

伴生有青冈栎、枫香、映山红等植被，形成针阔混交林。气温稳定，空气湿度大，土壤吸水性强，地上枯枝落叶层厚，为大型真菌的生长繁殖提供了有利的条件。常见的大型真菌有：松乳菇、多汁乳菇 Lactariu volemus、稀褶黑菇、正红菇 Russula vinosa、变绿红菇 R. virescens、美味牛肝菌 Boletus edulis、网纹牛肝菌 B. reticulatus、鸡油菌 Cantharellus cibarius、黑木耳、毛木耳、小托柄鹅膏菌 Amanita farinosa、灵芝、红栓菌等，尤以红菇科 Russulaceae、牛肝菌科、鸡油菌科 Cantharellaceae 的种类最为常见，灵芝科 Ganodermataceae、木耳科 Auriculariales、口蘑科 Tricholomataceae、多孔菌科 Polyporaceae 等广泛分布于林缘地带，鬼伞科 Coprinaceae 也较普遍存在。

**(3) 常绿、落叶阔叶混交林带的大型真菌**

植被是常绿阔叶林带向落叶阔叶林带的过渡带，土壤为山地黄壤。该林区的多孔菌种类比低海拔处有所增多，常见的大型真菌有云芝、硫黄菌、宽鳞大孔菌 Favolus squamosus、裂褶菌、肉色栓菌 Trametes dickinsii、黄红菇 R. lutea 等。

**(4) 落叶阔叶林、落叶矮林带的大型真菌**

这一林带位于天目山海拔的高点，地形复杂，生境多样，大型真菌种类较少，常见的有裂褶菌、干小皮伞、蜜环菌、绯红密孔菌 *Pycnoporus coccineus*、喇叭陀螺菌 *Gomphus floccosus*、长根奥德蘑 *Oudemansiella radicata*、簇生金钱菌 *Collybia fasciata* 等。

**(5) 竹林中的大型真菌**

数量多，分布广，但种类并不十分丰富，担子菌主要集中在伞菌目的小皮伞属 *Marasmius*、长根菇属 *Oudemansiella* 和小火菇属 *Flammulina* 等，尤以各种皮伞 *Marasmius* 居多；还分布有毛炭角菌 *Xylaria ianthinovelutina*、蝉花 *Cordyceps sobolifera*、竹黄 *Shiraia bambusicola*、梨形马勃 *Lycoperdon pyriforme*、变黑湿伞 *Hygrocybe conica*、褶纹鬼伞 *Coprinus plicatilis* 和高大环柄菇 *Macrolepiota procera*。

此外，天目山大型真菌的发生还与季节有很大的相关性，多集中在春(5~6月)秋(9~10月)两季。而且由于不同海拔温度的差异，真菌出现的季节也随之出现相应的变化。如海拔350~500 m地区多出现在5~6月初和9月中旬至10月初两季；而在1000 m以上则在6月中旬至7月初和9月初大量发生。

# 第四章

# 天目山昆虫资源情况

## 第一节 天目山昆虫采集和研究简史

天目山丰富的生物资源自古便吸引着众多的专家、学者前来考察和研究。明代李时珍在编撰《本草纲目》时，曾到天目山实地考察，书中收录天目山的养生之药达800余种，其中不乏昆虫药。明代学者所编的《西天目山志》中也明确记录有天目山蚕、蚱蜢、蟑螂、蛱蝶、蜻蜓、蝉等昆虫。

天目山是世界级的昆虫模式标本产地。在仅4284 hm²的狭小区域，拥有657种昆虫的模式标本，涉及24目143科，在世界上是不多见的。至20世纪初，针对天目山昆虫的系统性采集考察活动已有100多年历史。天目山吸引着国内外众多昆虫学家前来考察、采集，这充分说明了天目山是采集昆虫的胜地，是难得的教学科研基地。外国人的采集活动主要集中于20世纪三四十年代，较大规模的采集者是 O. Piel、Y. Ouchi 等，他们采集标本数量大，影响深远。我国早期昆虫学家留学回国后，也纷纷到天目山考察，发表一批论文。所有这些，为天目山闻名世界奠定了基础。20世纪50年代之后，天目山成为浙、沪、苏、皖等地多所高校理想的昆虫学教学实习场所。众多昆虫学家来天目山考察，并发表大量新属种，进一步彰显了天目山昆虫资源方面的优势地位。

1998年，天目山自然保护区管理局与浙江林学院共同承担了全球环境基金GEF项目"浙江天目山自然保护区昆虫资源研究"。经过3年的工作，共采集昆虫标本35万余号。在我国20多家科研单位、高等院校90多位专家的协助下，鉴定整理出天目山昆虫名录，共计31目351科4209种，其中有5新属220新种，以及2中国新记录属25中国新记录种，相关成果于2001年汇编出版《天目山昆虫》。

2014年，浙江省林业局启动《天目山动物志》的编撰。经过多年的努力，目前已经出版昆虫相关的志书8卷，共记录昆虫311科4554种：尹文英等主编第三卷（原尾纲—直翅目）记录70科385种，张雅林主编第四卷（半翅目，不含蚜）记录29科336种，孙长海主编第五卷（蜂目—毛翅目）记录66科293种，杨星科主编第六卷和第七卷（鞘翅目）记录36科929种，杨定等主编第八卷和第九卷（双翅目）记录51科924种，李后魂等主编第十卷

(鳞翅目—小蛾类)记录19科504种。尚未出版的类群已经在《天目山昆虫》和《浙江蜂类志》两书中记录半翅目蝽类19科187种、鳞翅目58科1238种、膜翅目59科1687种。因此，目前天目山已记录昆虫大约447科7666种。

经过100多年的考察研究，使天目山昆虫资源档案逐步完善，也使天目山在昆虫资源方面的研究地位逐步提升。近些年，天目山国家级自然保护区已成为复旦大学、华东师范大学、同济大学、上海交通大学、上海中医药大学、上海师范大学、第二军医大学，南京大学、南京农业大学、南京师范大学、南京林业大学、苏州大学、安徽大学、安徽师范大学、浙江大学、浙江师范大学、浙江中医药大学、浙江农林大学等几十所高等院校的长期教学实习基地，它们与保护区建立了良好的科教合作关系，也为保护区昆虫资源的研究与保护工作作出了重大贡献。

## 第二节　天目山昆虫区系分布特征

天目山昆虫的东洋成分占15.2%，古北成分占5.4%，广布成分占18.3%，东亚成分占61.1%。东洋成分与古北成分相比较，东洋成分占明显优势。

**(1) 东亚成分为主体**

东亚成分构成了中国昆虫区系的核心，也是天目山昆虫区系的主体。天目山的东亚成分高达61.1%，其中中国分布成分占55.7%。天目山昆虫与我国南部邻近地区的关系较紧密，与我国西部、南部的关系密切，而与北方的关系较小，与西北干旱区系的关系极小。由于地史变迁的原因，天目山昆虫与日本、朝鲜的区系相似程度较高；又由于与印度昆虫有着历史渊源，相似程度也较高。

**(2) 区系成分古老独特**

中国分布种以及东亚分布种的形成和演化与第三纪以后中国地史演变密切相关，具有独特性和古老性。天目山昆虫区系起源的主要成分为自晚侏罗纪形成的我国东部高原古昆虫，它们在天目山定居发展起来。昆虫区系从热带属性逐渐演化为亚热带山地区系。天目山拥有大批模式产地种类，区系特有且具古老性，种类富庶等特点，结合区系起源分析，我们认为天目山是晚侏罗纪和白垩纪时期现代昆虫的一个发展中心，并自东向西扩散。

**(3) 垂直分布较明显**

天目山是长江中下游平原南端的高耸山体，相对高度1200 m，由于植被分布及温度、水分等呈一定的垂直梯度变化，昆虫的垂直分布较明显。

# 第五章

# 实习的目的、要求和准备

## 第一节 实习的目的和要求

**(1)森林病虫实习的主要目的**

①使学生系统地学习和掌握林木病害、大型真菌、森林昆虫标本的采集、制作、保存和鉴定的方法。

②通过接触大自然,培养学生对森林病虫和生物学的兴趣,激发其学习的积极性和主动性。

③通过实践使学生巩固植物保护学、森林保护学和基础生物学的理论知识,增强感性认识,为后续课程及将来从事相关领域工作打下坚实的基础。

④了解生物与环境之间的协调关系,以及病原微生物和昆虫在生物多样性保护与利用中的意义,扩大和丰富学生的知识面。

⑤理论联系实际,培养学生的创新意识和独立工作的能力,提高学生的综合实践能力。

⑥培养学生吃苦耐劳和团队协作的精神,促进学生之间、师生之间的交流,全面提高学生综合素质。

**(2)森林病虫实习的要求**

①掌握林木病害、大型真菌、森林昆虫标本野外采集、制作的基本方法,熟悉常用的采集工具。

②学会利用图鉴、分类检索表和相关资料对采集的森林昆虫、病害标本和大型真菌进行初步鉴定。昆虫要求鉴定到科、最好能鉴定到常见种,能够识别天目山植物主要病害,掌握其病原及发病规律,熟悉天目山重要大型真菌的种类。

③能够识别和鉴定100~300种常见昆虫,并归纳总结20~30个重点科的主要形态特征;能够识别30种以上的重要林木病害,熟悉40种以上的大型真菌。

④每个实习小组根据实习时间初定采集标本数量,如实习时间为5 d,采集15目80科150种的昆虫标本,采集(拍摄)30种不同的病害以及大型真菌,如少于5 d可适当减

少，并做好小组实习记录和实习总结。

⑤了解病虫与寄主、环境因子之间的关系，掌握其基本的生物学和生态学特性，熟悉大型真菌与资源昆虫的经济价值。

## 第二节 实习的组织和实施

实习前需要制订详细具体的实习计划，包括实习的时间、地点、食宿安排、工具准备等。

**(1) 实习地点的选择**

实习地点通常应该具备以下几个方面的条件：①自然植被茂密，生物多样性丰富；②交通方便，能够提供必要的食宿条件；③已经与学校建立教学实习基地关系；④具有较完备的自然和社会资料。

**(2) 实习时间的确定**

实习时间的确定必须考虑气候、病虫发生规律和食宿保障等因素。一年中有3个比较理想的时间段：①6月初至7月初，这段时间的天气还不是特别炎热，病虫种类和数量也比较丰富；②7月初至8月底，这段时间正值学校的暑假期间，时间比较充足，而且昆虫的种类和数量也较丰富，缺点是天气炎热，而且暑期为旅游旺季，食宿价格较高；③9月初至10月底，这段时间天气较凉爽，缺点是昆虫和病害的种类相对较少。

**(3) 实习工具的准备**

每次实习通常划分实习小组，一般每个实习小组由4~6人组成，设小组长1名，协助老师管理整个实习过程，落实实习任务，保证实习安全，并且负责领取和收回实习工具。

开展野外采集之前，每个实习小组需要准备好以下工具和用品：捕虫网2把、毒瓶2个、乙酸乙酯1瓶、三角袋30~40个、工具包1个、诱虫灯1套(包括灯管、电线、白布和支架等)、枝剪2把、采集袋10个、镊子2把、笔2支、放大镜2个、剪刀1把、小刀1把、50 mL广口瓶10个、手电筒2把、无水乙醇1瓶等。

室内的标本整理需要准备以下工具和用品：以30人为例，共需要生物显微镜30台、标本盒30个以上、昆虫针(各种型号)100包、三级台6个、胶水1瓶、采集标签纸30张、培养皿15套、泡沫板30张、植物标本夹1套、吸水纸若干以及普通植物病理学、林木病理学、真菌分类学、普通昆虫学、森林昆虫学、昆虫分类学等相关教材资料。

## 第三节 实习的注意事项

野外实习容易发生意外突发事件，尤其是安全问题。因此，参加实习的师生必须提高认识，加强安全教育，认真落实各项规定和注意事项，确保安全有序地完成实习任务。

**(1) 爱护大自然**

在野外进行采集活动时，要爱护大自然，尽量减少对生态环境的破坏，尽可能只采集昆虫或被昆虫危害的部位，减少对寄主植物的伤害。

**(2) 取得实习和采集许可证**

一般进入自然保护区等区域采集标本,都要经过审批,取得相应的实习和采集许可证。

**(3) 注意安全**

遵守国家法律和相关规定,遵守实习纪律,听从老师的指挥;要分组进行活动,不得单人行动,以免发生危险;不得进行捅马蜂窝、游泳等与采集昆虫标本无关的危险活动。

7~9月是蛇类活动的高峰期,要小心防止被蛇咬伤,更不要去捉蛇。一旦被毒蛇咬伤,不要惊慌乱跑,应尽可能减少活动,延缓蛇毒扩散;迅速用止血带或布条在距伤口 5~10 cm 的肢体近端捆扎,间隔半小时放松 3~5 min,以减缓毒素进入血液;用小刀把伤口切开,用清水、茶水冲洗伤口。没有条件的,也可以用火柴、烟头烧灼伤口,破坏蛇毒。在自救的同时,要迅速送到有救治经验的医院抢救,避免延误救治时间。

# 第六章

# 林木病害实习的方法与技术

## 第一节 林木病害识别与诊断

### 一、林木病害症状类型

植物受病原物侵染后，会发生一系列病理变化，最终在组织和器官上呈现出肉眼可见的病状（symptom）。一些植物病原真菌、细菌、寄生性种子植物、线虫等在发病部位还能产生某些特征性结构或分泌物，称为病征（sign）。病状和病征是林木病害具体描述、命名、识别和诊断的重要依据。

**(1) 林木病害病状类型**

①变色（discoloration）。病株的色泽发生改变称为变色，大多出现在病害症状表现的初期。变色症状的组织结构往往完整，但由于叶片或组织内叶绿素合成受到影响而变色。变色症状有两种形式：一种是整株植物、整个叶片或叶片的一部分均匀变色，主要包括褪绿和黄化。褪绿是由于叶绿素的减少而使叶片表现为浅绿色。当叶绿素的量减少到一定程度就表现出黄化。另一种是叶片不均匀变色，由形状不规则的深绿、浅绿、黄绿或黄色部分相间而形成不规则的杂色，包括花叶、斑驳、脉明、碎锦等。引起植物变色的病原主要有病毒、植原体，土壤元素缺乏也是引起植物变色的重要原因。

②坏死（necrosis）。坏死是染病植物局部、大片细胞和组织死亡而表现的症状，发病部位包括叶片、茎干、枝条、根、果实等器官。坏死症状在发病部位表现为组织结构缺损或破坏。引起坏死的病原主要包括真菌、细菌、线虫等。

坏死症状在叶片上常表现为叶斑（spot）和叶枯（blight）。叶斑的形状、大小和颜色不同，但轮廓比较清楚。叶斑的坏死组织有时可以脱落而形成穿孔症状。有的叶斑上有轮纹，称为轮斑或环斑。在黑褐色病斑的中央有散生红色小点，称为炭疽病。叶枯表现为整片叶片或者大部分叶片表现枯死症状，枯死的轮廓不如叶斑那么明显。叶尖和叶缘的枯死，称为叶烧。

坏死在植物茎干和枝条上主要表现为梢枯、溃疡等。枝条从顶端往下枯死，有的扩展到侧枝和主干，称为梢枯。树木茎干和枝条有大片的皮层组织坏死称为溃疡。溃疡病往往前期从病斑处流出墨水状树汁，后期周围的寄主细胞木栓化。坏死在植物幼苗的茎干基部或根部发生，有时引起突然倒伏称为猝倒，有时虽然坏死但不倒伏称为立枯。

③萎蔫（wilt）。萎蔫是植物的整株或局部因失水、水分的输导受到阻碍而表现枝条变色和萎垂的现象。引起植物萎蔫的病原主要包括真菌、细菌、线虫，干旱也是引起植物萎蔫的重要原因。根据萎蔫的程度和类型，分为青枯、枯萎、黄萎等。

④腐烂（rot）。腐烂是植物组织较大面积的分解和破坏，在根、茎、叶、花和果实上均可发生，主要由真菌、细菌、线虫等引起。腐烂分为干腐、湿腐和软腐。组织的解体很慢，腐烂组织的水分很快蒸发消失，病部表皮干缩或干瘪称为干腐；组织的解体很快，组织迅速腐烂则称为湿腐；腐烂组织中胶层先破坏，腐烂组织的细胞离析，称为软腐。有时可根据腐烂的部位，分为根腐、基腐、茎腐、果腐、花腐等。

⑤畸形（malformation）。畸形是植物受害部位的细胞分裂和生长发生促进性或抑制性的病变，植物整株或局部形态异常，可发生在枝干、根、叶片等组织，主要由细菌、真菌、病毒、植原体、线虫等引起。畸形主要包括增大型、增生型、减生型和变态型。例如，树木的根、干、枝条局部细胞增生形成瘿瘤；植物受细菌感染后，细胞不规则地过度分裂形成畸形病状，发生在地上部位称为冠瘿，发生在根组织称为根癌；植物的主、侧枝顶芽受抑制，节间变短，腋芽提早发育或不定芽大量发生，使枝梢密集成扫帚状，称为丛枝病、扫帚病或疯病；植物根部受线虫侵染后，侵染部位细胞过度增大，形成根结；植物茎干或叶柄发育受阻，叶片卷缩称为矮缩；枝叶等器官的生长均受阻，各器官受害程度和减少比例相仿，称为矮化；感病植物的花器变态为叶片状称为花变叶。

⑥流脂或流胶。植物细胞和组织分解为树脂或树胶流出，称为流脂病或流胶病。

⑦立木或木材腐朽病。立木或木材腐朽是木材细胞壁被真菌分解时所引起的木材糟烂和解体的现象，往往后期可在立木或木材上长出蕈菌等子实体。

**(2) 植物病害病征类型**

①霉状物或丝状物。在很多真菌病害发生部位可产生肉眼可见的霉状物，这大多是由真菌气生菌丝或孢子梗和孢子等组成，包括毛霉、霜霉、绵霉、腐霉、青霉、灰霉等。

②粉状物。一些真菌病害（如黑粉菌、白粉菌等）在发病植物上会产生大量黑色或白色孢子，手指轻拂可下，轻搓有细滑感。

③锈状物。一些真菌（如锈菌、白锈菌等）感染寄主植物后，在植物表皮层组织下形成大量孢子，突破表皮后形成的锈褐色或白色的锈状物。

④颗粒状物。一些真菌病害发展后期，常在病部的菌丝中产生颗粒状的休眠结构，如菌核等。

⑤垫状物或点状物。在一些真菌病害的病部，会逐渐长出一些垫状凸起或许多大小不一的黑色点状物，多为孢子器、子囊果，有的半埋在植物表皮下，有的着生在植物表面，称为垫状物或点状物。

⑥索状物。一些高等真菌的菌组织纠结在一起形成的绳索状结构，称为索状物。

⑦菌脓。一些细菌侵染植物后，在病部组织表面分泌出黏性的乳白色、橘黄色或褐色

的脓状液滴,称为菌脓。

⑧蕈菌。高等担子菌引起的立木腐朽病常在林木树干上生出大型担子果,称为蕈菌。

## 二、林木病害症状描述

林木病害的症状复杂多样,常因寄主品种抗性、环境条件以及发病时期的不同而有变化,因此认识病害症状应注意观察其在不同时期和不同条件下的表现。有的病害在一种林木上可以同时或先后表现出两种或两种以上不同类型的症状,这种情况称为综合征。

在对林木病害的症状进行观察和描述时,要准备好相机、手持放大镜、解剖显微镜、解剖刀等工具。遇到典型症状时,及时拍照记录症状,以免标本褪色和变形后影响诊断效果。手持放大镜和解剖显微镜有助于更清晰地观察病症,如真菌产生的孢子和子实体等。检查病部前首先应注意观察病害对全株的影响(如萎缩、畸形和生长习性的改变等)。观察和描述斑点病害时,要注意斑点的形状、数目、大小、色泽、排列和有无轮纹等;观察和描述腐烂病害时,要注意腐烂组织的色、味、结构(如湿腐、干腐)以及有无虫伤等。对于未出现病征的真菌病害,可以用70%酒精棉球进行表面消毒,用无菌水清洗、保湿,出现病征后再行观察和描述。

林木病害(如病斑、菌类和培养基上的菌落等)都需要描述颜色,颜色变化非常复杂,由于各人对每种颜色细化判断的差异,具体描述可能会有偏差,导致相互比较的不一致,因此需借助标准颜色来对比描述。最早使用的颜色标准是 Ridgeway(1912)的标准,包括1115种颜色,每种颜色都有一个专门的名称。黎奇卫颜色标准的应用很广,尤其是较早的文献一般都是根据该标准描述。后来出版的有戴德(Dade,1943)的颜色标准,该标准以黎奇卫的标准为基础,提出了一套描述颜色的标准拉丁名称。另外还有两种更新的颜色标准(Kornerup et al., 1967;Rayner,1970),Rayner提出的颜色标准是专门为真菌学描述设计的。这些颜色标准都有出版物可供使用,要注意爱护,切勿玷污;用时才翻开,用毕合上,以免曝光过久导致褪色。

鉴定一种病害,有时仅仅观察采集的标本是不够的,还要了解这种病害在田间发生的情况。详细的田间记录,对鉴定很有帮助。各种病害在田间的发生和发展有一定的规律,以下这几点特别值得注意:①病害的普遍性和严重性;②病害发展和在田间的分布;③发生时期;④受害寄主和部位。如非侵染性病害与有些真菌病害很相似,甚至在上面还能检查到真菌,即后来生长的腐生性真菌。没有完整的田间记录有时很难鉴定准确,最好就地观察、调查和分析,不能单纯依靠室内的检查。

## 三、植物病害诊断

单纯依据症状鉴定病害不是绝对可靠的。一般真菌病害经过症状观察和显微镜检查可以作出初步鉴定,有些还必须经过分离、培养、接种等一系列的工作才能准确鉴定。对新发现的病害进行诊断、对其病原物进行鉴定,普遍遵循柯赫氏法则(Koch's postulate)。利用柯赫氏法则有4个要点:①某种微生物经常与某种病害有联系,发生这种病害往往就有这种微生物存在;②从病变组织上可以分离得到这种微生物的纯培养,并且可以在各种培养基上研究它的性状；③将培养的菌种接种在健全的寄主上，可诱发与原来相同的病害；④从接种后发病的植物上能再分离到原来的微生物。柯赫氏法则不适合霜霉菌、白粉菌、植原体和螺原体等目前还不能人工培养的病原物，对这些病原物进行鉴定可以采取其他实验方法。

## 第二节　林木病害标本采集与制作

林木病害的标本是病害症状的最直观的实物记录，是识别和描述病害的基本依据，也是进行林木病理学工作最为直接和基础的试材。对于具体植物病害的研究，可在林间观察的基础上，在室内作进一步比较鉴定，从而作出准确的诊断、识别和鉴定，这对于掌握病害发生的种类和危害情况，深入研究发生规律，并据此有针对性地制定病害防治的综合措施，均具有重要意义。因此，林木病害标本的采集、制作与保存，是植物病理学教学和研究中的首要工作。

### 一、林木病害标本采集

林间标本采集是获取林木病害标本的重要途径，也是熟悉病害症状、了解病害发生情况的最好方式。

**（1）标本采集的注意事项**

林木病害的发病时期与林木植物的生育期、气候变化和生产条件均有密切关系，所以采集标本时应清楚了解某种病害的发病条件，明确某种病害的寄主植物及其大致生育期、在具体气候条件和生产条件下的始发期和盛发期等情况。具体工作中应注意下述 5 点。

①病状典型。病状是病害诊断的重要依据。一种病害在同一植物上可同时表现不同类型的病状，在植物生长发育的不同时期也可先后表现不同类型的病状。采集病害标本，不仅需要采集某一发病部位的典型病状，还需要采集不同时期、不同部位的病状标本。

②病征完整。为进一步鉴定病害，应注重标本的病征，如细菌性病害往往有菌脓溢出；真菌性病害在感病部位的各种霉状物、粒状物等的存在；有转主寄主的锈病尽量采集到第二寄主标本；病原真菌包括有性和无性两个阶段，应在不同时期分别采集；有的真菌往往在枯死株上才产生病征，故应注意采集地面的枯枝落叶；注意在病原有性阶段产生子实体的时期采集，如白粉病叶片上的粒状物即为由病菌闭囊壳形成的病征。

③避免混杂。采集时将容易混杂污染的标本分别用纸包好，如在采集黑粉病类标本及腐烂的果实等时必须注意分装，以免污染其他枝叶类标本，影响鉴定。

④记录全面。没有记录或记录不全的标本将失去使用价值，对寄主植物不熟悉的病害仅凭标本识别也非常困难，要采集寄主的叶、花、果实等，以便进一步鉴定。记录内容包括寄主名称、采集日期、地点、采集人姓名、标本编号、分布情况、地理条件、损失率等。除记录本上记录外，还应在标本上挂签标记，注明标本编号、采集时间、地点、采集人姓名等。不同的标本、不同产地的同一标本应分别编号，每份标本的记录与标签上的编号必须相同。宜长期保存纸质记录和电子文档，以便查对。

⑤临时处理。对于容易干燥卷缩的叶部病害标本(如禾本科植物病害标本),易打卷成筒状,应随采随压制作或用塑料袋装好并封口,也可用湿布包好,采回后马上整形压制,还可在田间用标本纸或吸水性较强的纸张将病叶临时夹压。

**(2) 标本采集常用的工具**

①标本夹。用来夹压各种含水较少的枝叶标本,多为木板条制成,长60 cm,宽40 cm。

②标本纸。用标本纸压制标本,可较快吸收枝叶标本内的水分。标本纸应保持清洁干燥。采集箱多为铁皮制作,用于装纳采集的果实、木质根基或怕压而在田间来不及制作的标本。

③其他。刀、剪、锯、小的玻璃瓶、玻璃管、塑料袋、记录本、标签等。

## 二、林木病害标本制作

采到的新鲜病害标本必须经过制作才能保存和应用。制作的方法通常根据标本的性质和使用目的而定,但应尽量保持标本的原有特性。

**(1) 蜡叶标本的制作**

将林间采集的新鲜病叶标本用标本夹压平后,经过几次换翻,待标本干燥即成蜡叶标本。蜡叶标本制作简单、经济,能保持植物病害症状,便于交换、鉴定或展览。制作时要求在短时间内把标本压平干燥,使其尽量保持原有的形态和颜色。具体制作时要注意以下两点。

①随采随压。采集标本后,要即刻放入标本夹中压制,以保持标本的原形,减少压制过程中的整形工作。有些标本在压制时需进行少量的加工,如标本的叶子过多、茎秆或枝条粗大,压制时应把叶子剪掉一部分或将枝条剪去一侧再压制。如鹅掌楸叶片较宽、较长,可以根据病斑的大小,剪取有病斑的一部分压平,防止过多的叶片重叠或标本受压力不均匀而变色、变形。整株的标本,可折成"N"形压制。

②勤换勤翻。植物本身含水量大,为使其水分易被标本纸吸收,使标本尽量保持原色,要勤换勤翻。标本放到标本夹内后,用标本绳将标本夹扎紧或用重物压实,将标本夹放在通风处放置,使标本尽快干燥,以便保持原有色泽。若遇高温潮湿天气,标本在纸内容易发霉、变黑。在压制标本过程中,前4天通常每天早、晚各换1次纸,以后每天换1次,直至完全干燥为止。在第一、二次换纸时要对标本进行整形,因经初步干燥后,标本容易展平。幼嫩多汁的标本(如花及幼苗等)可夹在脱脂棉中压制;含水量太高的标本,可置于30~45 ℃的烘箱内烘干。

**(2) 浸渍标本的制作**

柔软多汁的块茎、块根、果实及肉质的菌类子实体,清洗干净后浸泡在普通防腐性浸渍液中,或根据标本的颜色处理后制作成保绿色、保黄色或保红色标本,再浸泡在普通防腐性浸渍液中保存。浸渍液配方有多种,可根据浸制标本的色泽和浸制目的适当选择。

①普通防腐浸渍液。5%福尔马林(40%的甲醛溶液);75%乙醇;福尔马林50 mL、95%乙醇300 mL、水2000 mL混合液。以上三者选一。这3种液体只能防腐,不能保持原色,适宜保存肉质鳞茎、块根、果实等无需保持原色的标本。浸渍时将标本洗净,淹浸在

浸渍液中，用线将标本固定在玻片或玻棒上防止标本上浮。若浸泡标本量大，浸泡数日后应更换一次浸渍液。加盖密封保存，标本瓶上贴上标签。

②保绿浸渍液。保存植物组织绿色的方法很多，可根据材料的不同选用。

醋酸铜溶液：将50%醋酸放入烧杯中加热，逐渐加入结晶的醋酸铜，直至不再溶解为止（50%醋酸1000 mL、醋酸铜15 g左右）。将饱和溶液稀释3~4倍，加热至沸腾，再将洗净的标本投入，当标本褪绿，又经3~4 min，铜离子与叶绿素中的镁离子置换、恢复绿色后，取出标本，清水洗净，压成干制标本或保存在5%福尔马林溶液中。醋酸铜溶液保绿色能力较好，适用于制作能煮沸、加热的茎、叶等标本，但保存的标本有时带蓝色，与植物原来的颜色稍有差异。

硫酸铜-亚硫酸浸渍液：二氧化硫（$SO_2$）含量为5%~6%的亚硫酸溶液15 mL溶于1000 mL水；或浓硫酸20 mL、亚硫酸钠16 g溶于1000 mL水。将标本洗净，在5%的硫酸铜溶液中浸泡6~24 h，取出后用清水漂洗数小时，然后将标本保存在亚硫酸溶液中。硫酸铜-亚硫酸浸渍液适合浸渍果实或块茎、块根类等标本。

③保黄和保红浸渍液。含叶黄素和胡萝卜素的果实（如梨、柿、柑橘等）可用亚硫酸4%~10%的水溶液浸渍，也可用瓦查保红液（硝酸亚钴15 g、氯化锡10 g、福尔马林25 mL、水2000 mL）浸渍保存。

## 三、植物病害标本保存

标本的制作是为了尽量保持标本的原有特性及便于日后应用，稳妥的保存方法是实现上述目的的保障。无论用干燥制作法保存标本，还是用浸渍制作法保存标本，都是为了尽量减缓标本变质的速度或避免腐烂霉变。同时，也是为了尽量使标本保持其原色，以延长标本的使用时间和提高标本的保存质量。

**（1）蜡叶标本的保存**

制作后的标本用0.1%氯化汞或75%乙醇溶液涂抹或放置小包樟脑球，以防虫蛀或霉变。贮藏时保持干燥，标本柜下可放生石灰吸收潮气。贴好标签，分类保管。

①封袋保存。干燥后的标本可分门别类，连同采集记录放入牛皮纸袋中或用厚绘图纸折成的长方形纸套中制成封袋标本，也可存放在普通纸盒中保存。鉴定记录贴在纸袋上，然后按寄主或病原类别存放，以便于应用。

②盒装保存。供长期保存或展览用时可制成盒装标本。标本盒一般为34 cm×27 cm或28 cm×20 cm，盒内标本可用乳白胶或透明胶布固定，也可用脱脂棉做衬垫固定标本。菌核或种子标本也可装入小瓶中，再置于纸盒内，然后贴加标签保存。

③台纸保存。干燥后的标本用透明胶或胶水固定在台纸上，若为幼苗病株可以用针线缝在台纸上。台纸为较厚的白纸板，大小为37 cm×29 cm。粘贴后，在台纸右下角贴标签，上面再覆盖一层玻璃纸，以防损伤或覆落灰尘。

**（2）浸渍标本的保存**

浸渍标本要防止水分蒸发，应密封良好保存在标本柜中。由于浸渍液是采用具有挥发性或易于氧化的试剂配制，若为长期保持浸渍效果，必须密封瓶口，封口方法有临时封口和永久封口两种。

①临时封口法。即将蜂蜡及松香各1份,分别融化后混合,加少量凡士林调成胶状物,涂于瓶盖边缘,将盖压紧封口;也可用明矾加石蜡(4∶1)热熔调成胶状物应用。

②永久封口法。即用酪胶和消石灰各1份混合,加水调成糊状物,即可使用。

## 第三节　生物显微技术与组织切片技术

生物显微镜是林木病害研究的重要工具。掌握普通光学显微镜基本操作方法,有助于提高学习其他类型显微镜使用方法的效率。组织切片是从组织和细胞层次研究寄主与病原物互作的基本方法,为从形态、组织和细胞学等方面研究植物与病原物的互作提供了可靠保障。其中冷冻切片法是目前常用方法之一,与其他方法相比具有简单、方便和能反映互作本质等特点。

### 一、生物显微技术简介

显微镜是林木病害研究中最常用、最重要的工具。植物病原微生物大都个体极小,需借助显微镜放大才能分辨清楚。常用的光学显微镜是利用透镜的放大作用,一般其放大率最高只能达2000倍,可分辨的物体不小于0.2 μm。光学显微镜的种类很多,除常用的明视野显微镜外,还有暗视野、相差、荧光、偏光等多种功能的显微镜。这些光学显微技术可以用来观察植物与病原物的细胞轮廓,研究两者相互作用的动态。

**(一)明视野显微技术**

明视野显微镜是林木病理学实验室最基本、最常用的显微镜,其他光学显微镜均是在此基础上发展起来的。它们的基本结构相同,均包括机械装置和光学系统两部分,只是某些附件做了一些改变,决定着各自不同的功能。实验室中常用的德国蔡司(Zeiss)和莱茨(Leitz)、日本奥林巴斯(Olympus)和我国的重庆牌显微镜等均属明视野类型。其特点是,光线直接由反光镜或镜座电光源折射进入物镜,使观察视野呈现明亮的区域。

明视野显微镜的使用主要包括低倍镜、高倍镜和油镜。

**(1)低倍镜使用方法**

①取镜和放置。显微镜平时存放在柜或箱中,用时从柜中取出,右手紧握镜臂,左手托住镜座,将显微镜放在左肩前方的实验台上,镜座后端距桌边3~7 cm为宜,便于后续操作。

②光源调节。安装在镜座内的光源灯可通过调节电压以获得适当的亮度。而使用反光镜采集自然光或灯光作为照明光源时,应根据光源的强度及所用物镜的放大倍数选不同的凸、凹面镜并调节其角度,使视野内的光线均匀、亮度适宜。

③放置玻片标本。取一玻片标本放在镜台上,使有盖玻片的一面朝上,切不可放反,用推片器弹簧夹夹住,然后旋转推片器螺旋,将所要观察的部位调到通光孔正中。

④调节焦距。以左手按逆时针方向转动粗调节器,使镜台缓慢地上升至物镜距标本片约5 mm处,应注意在上升镜台时切勿在目镜上观察,一定要从右侧注视镜台上升,以免

上升过多造成镜头或标本片的损坏。然后,两眼同时睁开,用左眼在目镜上观察,左手顺时针方向缓慢转动粗调节器,使镜台缓慢下降,直到视野中出现清晰的物像为止。如果物像不在视野中心,可调节推片器将其调到中心(注意移动玻片的方向与视野物像移动的方向是相反的)。如果视野内的亮度不合适,可通过升降集光器的位置或开闭光圈的大小来调节。如果在调节焦距时镜台下降已超过工作距离(>5.4 mm)而未见到物像,说明此次操作失败应重新操作,切不可心急而盲目地上升镜台。

**(2) 高倍镜使用方法**

①选好目标。一定要先在低倍镜下把需进一步观察的部位调到中心,同时把物像调节到最清晰的程度,才能进行高倍镜的观察。

②调换镜头。转动转换器,调换至高倍镜头。转换高倍镜时转动速度要慢,并从侧面进行观察(防止高倍镜头碰撞玻片),如高倍镜头碰到玻片,说明低倍镜的焦距没有调好,应重新操作。

③调节焦距。转换好高倍镜后,用眼睛在目镜上观察,此时一般能见到一个不太清楚的物像,可将细调节器的螺旋逆时针移动约半圈到一圈,即可获得清晰的物像。注意:切勿用粗调节器。如果视野的亮度不适宜,可用集光器和光圈加以调节。如果需要更换玻片标本,必须顺时针(切勿转错方向)转动粗调节器使镜台下降,方可取下玻片标本。

**(3) 油镜使用方法**

①使用油镜之前,必须先经低倍镜、再用高倍镜观察,然后将需进一步放大的部分移到视野的中心。

②将集光器上升到最高位置,光圈开到最大。

③转动转换器使高倍镜头离开通光孔,在需观察部位的玻片上滴加一滴香柏油,然后慢慢转动油镜,在转换油镜时,从侧面水平注视镜头与玻片的距离,使镜头浸入油中而又不能压破载玻片为宜。

④观察目镜并慢慢转动细调节器至物像清晰为止。如果不出现物像或者目标不理想要重新寻找物像,在加油区之外重找时应按低倍镜→高倍镜→油镜的程序操作;在加油区内重找应按低倍镜→油镜的程序进行,不得经高倍镜,以免油玷污镜头。

⑤油镜使用完毕,先用擦镜纸蘸少许二甲苯将镜头上和标本上的香柏油擦去,然后再用新的擦镜纸擦干净或使用显微镜生产厂家提供的清洗剂擦拭。

**(二) 暗视野显微技术**

暗视野显微镜也称暗场显微镜,其与明视野显微镜的区别在于光线照射的方向不同,即直射的方向不同。其直射光线不是直接经聚光器进入物镜,而是以斜射的光线照射物体,使物体表面发出的反射光进入目镜。由此所观察的视野是暗的,而见到的明亮的物像只是物体受光的侧面,是其边缘发亮的轮廓。用暗视野显微镜检查微小透明的活体生物的存在、运动或鞭毛等,效果要优于普通明视野显微镜。

暗视野显微镜可以通过调节或增加暗视野聚光器使明视野显微镜改装成暗视野显微镜,主要方法有:

①反光镜直接侧面照射。取下聚光器,利用反光镜的凹面镜接收光源,调节照射角

度，使光束从侧面斜射在标本上。此法只适于与低倍镜配合应用。

②星形虹彩光圈。星形虹彩光圈大小如同显微镜的滤色片，中间为圆形的遮光片。使用时将其置于聚光镜下滤色片槽中，正好遮住反射来的直射光线，只有斜射的光线照射在物体上。

③暗视野聚光器。常用的暗视野聚光器有抛物面形和心形两种。其主要原理是在聚光器底部中央加一块遮光板，挡住光柱中部的光线，只有斜射光线照射在物体上。明视野显微镜换用暗视野聚光器即可形成暗视野。

暗视野显微镜对低倍镜、高倍镜和油镜的使用与明视野显微镜相同，只是使用暗视野显微镜时应尽量用较强的光线，放大虹彩光圈，上下调节聚光器，以获得最佳效果。另外，检查标本时，宜用较薄的载玻片。暗视野显微镜的不足之处是只能看到活的标本轮廓，对于标本内部透明态的结构则难以看清。

### (三) 偏光显微镜

偏光显微镜在工业科学的晶体和矿石鉴定及医学的药物检验方面应用较多。植物病理学研究中，主要用于鉴定具有双折射性质的染色体纺锤丝及罹病组织结构的化学性质变化等研究。其原理是将具有三度空间多向振动的自然光，经特定偏光装置的反射、折射、双折射及吸收等作用，转变成为单一方向振动的偏振光。

偏光显微镜上装有两个尼科尔棱镜，其一为偏光镜（起偏镜），置于光源和检视物之间；其二为检光镜（检偏镜），放于物镜与目镜之间。二者配合调节，当两镜的偏振面处于90°正交位置时，视野完全黑暗；而当两镜振动面的相对位置为0°时，则视野明亮。由此增强检视物体图像的清晰度和颜色的对比度，提高检视效果。

偏光显微镜必须具备以下附件：起偏镜、检偏镜、专用无应力物镜、旋转载物台、补偿器或相位片。此外，偏光显微镜在装置上还要求有带有十字线的目镜；为了取得平行偏光，应使用能推出上透镜的摇出式聚光镜；另外，还应使用聚光镜光路中的辅助部件——伯特兰透镜，其作用是把物体所有造成的初级相放大为次级相。偏光显微镜的使用方法与注意事项如下：

**(1) 使用方法**

①正相镜检又称无畸变镜检，其特点是使用低倍物镜，不用伯特兰透镜，同时为使照明孔径变小，推开聚光镜的上透镜。正相镜检用于检查物体的双折射性。

②锥光镜检又称干涉镜检，这种方法用于观察物体的单轴性或双轴性。

**(2) 注意事项**

①光源最好采用单色光，因为光的速度、折射率和干涉现象由于波长的不同而有差异。

②载物台的中心与光轴同轴。

③起偏镜和检偏镜应处于正交位置。

④制片不宜过薄。

### (四) 体视显微镜

体视显微镜又称解剖显微镜、立体显微镜、实体显微镜，使用范围相当广泛。使用它观察物体时能产生正立的三维空间像,立体感强,成像清晰而宽阔,具有较长的工作距离。对同一物体可实现连续放大倍率观看,并可根据所观察物体的不同选用反射光照明和透射光照明。

目前,体视显微镜的光学结构是由一个共用的初级物镜对物体成像后的两光束被两组中间物镜——变焦镜分开,并成一体视角再经各自的目镜成像,它的倍率变化是由改变中间镜组之间的距离而获得,因此又称为连续变倍体视显微镜。其特点是:双目镜筒中的左右两光束不是平行的,而是具有一定的夹角,即体视角,一般为 12°~15°,因此成像具有三维立体感;像是直立的,便于操作和解剖,这是由于在目镜下方的棱镜把像倒转过来的缘故;虽然放大率不如普通显微镜,但其工作距离很长,如 Olympus SZX12 可达 198 mm;焦深大,便于观察被检物体的全层;视场直径大。体视显微镜的使用方法与注意事项如下:

**(1)使用方法**

①将所观察的物品放在透明的载物台上,将开关开至 EPI 时即打开上光源,开至 DIA 时为只开下光源,开至 EPI-DIA 时为上、下两个光源同时打开。

②通过调节旋钮可以调节镜筒与载物台的距离,从而调节焦距,可看到同一视野内不同层面的物像。通过调节旋钮上的聚焦环(0.7°~4.0°),可以放大所要观察的物像。

③根据所观察物体结构的不同,可以调节下光源的透光方式。调节载物台左上侧的开关,将其调至 D 时,正下方的光源被遮盖(即暗背景),调至 B 时,则正下方的光源被打开(即亮背景)。

④通过目镜的调节也可以在一定程度上改变倍数,并可以使左右倍数不同,以适应每位观察者不同的情况。

**(2)注意事项**

①上光源可以手动调节角度,注意其方向是否与物体放置位置一致。

②显微镜的光源极易损坏,尤其是下光源,如果使用时间长,温度逐渐升高,很容易烧坏。

## 二、组织切片技术

组织切片技术是林木病理学研究的常用手段之一,尤其是研究病原物的侵染过程以及寄主植物对病原物侵染后的种种反应。由于用于观察的显微镜种类的不同,对于切片的要求也不尽相同。例如,光学显微镜制片首先要尽量保持生物材料的天然状态,避免赝像、变形和失真,因此需将生物材料做固定处理,而且制片必须薄而透明,才能在光学显微镜下成像。

制片方法包括切片法、整体封片法、涂片法和压片法 4 类。用于光学显微镜观察的切片厚度在 2~25 μm 之间,一般植物材料的切片以厚度 10 μm 左右最为合适。切片根据包埋剂的不同而有所不同,常用的方法有石蜡切片法、棉胶切片法、冰冻切片法和乙二醇甲基丙烯酸酯法。

**(1) 徒手切片**

进行观察罹病植物组织病变、病原物侵入寄主组织的过程和在寄主体内的扩展以及埋生在寄主组织内的病原菌时，需采用徒手切片。即便是有些生于病斑外面的病菌子实体或营养体，采用徒手切片，观察效果也会更优。此法是教学及研究上都很常用的方法。它不需特殊设备。徒手切片的缺点是对于微小或过大、柔软、多汁、肉质和坚硬的材料不易切取，另外也不能制成连续切片，切片的厚度也很难一致。

徒手切片多用剃刀或双面刀片切制材料。切片前，选择新鲜、正常的植物器官或贮备材料，分割成长 1~2 cm 的小段，立即进行切片或保存在水中防止萎蔫。切片时，首先将材料的横切面用刀片切平，在刀口和材料断口处抹上清水，然后以左手的拇指和食指夹住材料，食指高出材料上段 1~2 mm，右手握刀片，刀口向内作横切面切片。切片时，两只手不要紧靠身体或压在桌上，用臂力（不用腕力）从材料切面的左前方右后方斜向拉切薄片，中途不应停顿。所切出的切片应薄、均匀、完整。切下的薄片，用毛笔刷到玻皿的水中。在此过程中左手握着的材料不要放下，否则，再切时很难按原位置拿住材料。这时，可以用显微镜简单观察一下看是否符合要求，其后进行挑取、检视、染色、封固等步骤。

材料粗大而较硬的，可夹在手指中间切。对小叶片、根尖等难于用手夹持的材料，需夹入夹持物中进行切片，常用的夹持物有接骨木髓、胡萝卜条、马铃薯条等。木髓或接骨木可以干用，也可放在 50%乙醇中浸泡保存，清水洗净后湿用。

对一般材料，可采取简单方法切片，即将病组织提前用水浸泡润湿，放在表面很平的小木块上，上面加载玻片（或不加）用手指轻轻压住，随着手指慢慢地向后退，用刀片将材料切成薄片。

**(2) 石蜡切片**

石蜡切片是应用广泛、制作技术比较完善的切片制作方法。它是把材料浸渍和包埋在石蜡中，连同石蜡一起切片，包括固定、包埋、切片、染色、脱水和封固 6 个关键步骤。由于石蜡切片的制作过程较复杂，要经过很多步骤，每一步对切片质量都有很大的影响，都不能马虎，否则极易导致失败。

①选材。材料的选择有两个原则：一是完整性，二是典型性，这关系石蜡切片的质量和研究工作的成败。因此，应尽量选择新鲜、有代表性的材料，在进行石蜡切片之前先制作徒手切片，以确定合适部位，尽量做到所取的材料小而精。

②固定。固定的目的是迅速终结生物组织的生命活动，尽可能地固定保存细胞和组织在生活时原有的结构和状态。因此，应选择渗透力强的药品，力求使药品在短时间内渗入材料组织中，迅速杀死细胞，并使原生质的亲水胶体凝固，使细胞硬化。常用的固定液有甲醛-醋酸-乙醇溶液（FAA）、吉尔森（Gilson）固定液、波茵（Bouin）固定液，根据试验材料性质区别选用。

甲醛-醋酸-乙醇溶液（FAA）：FAA 的成分为 50% 或 70%乙醇 90 mL、醋酸 5 mL、甲醛 5 mL，是植物制片中常用的固定液之一，比例可根据材料的不同而改变。对于幼嫩易收缩的材料宜多加醋酸，减少甲醛用量和用较低浓度的乙醇（50%）；坚硬的材料可减少醋酸用量而增加甲醛用量，采用较高浓度的乙醇（70%）。FAA 是较好的贮藏液，可长时间保存材料，加入5%的甘油后则能防止液体蒸发和材料变脆。

吉尔森固定液：吉尔森固定液常用来固定菌类，尤其是用于柔软多胶质的菌类。吉尔森固定液的成分为60%乙醇50 mL、冰醋酸2 mL、氯化汞10 g、蒸馏水40 mL、硝酸7.5 mL；固定时间为18~20 h。固定后用50%成70%乙醇冲洗，直到无酸味为止。此溶液含有氯化汞，会使材料产生黄褐色沉淀，应在切片染色前除去，以免影响染色和镜检。方法为：将切片脱蜡后投入50%乙醇中冲洗，转入70%乙醇的稀碘液(碘化钾溶液滴入70%乙醇溶液中，呈淡黄色)中15 min，再在0.25%硫代硫酸钠水溶液中浸渍20 min，流水冲洗20~30 min。

冷多夫(Randolph)或改良纳瓦兴(Navaschin)固定液：这也是常用的固定液，用于固定感染枯萎病菌的林木嫩茎等材料时效果较好。固定液分甲、乙两种，甲液成分为铬酸1.5 g、冰醋酸10 mL、蒸馏水100 mL，乙液成分为甲醛40 mL、蒸馏水60 mL，使用时等量混合。一般固定时间为12~48 h，如固定液呈绿色，表明固定作用已经消失，仅有保存作用。固定后可用水或70%乙醇冲洗2次，然后脱水或在70%乙醇中继续保存。

波茵(Bouin)固定液：波茵固定液适用于固定感病植物的柔嫩组织。波茵固定液也分甲、乙两种，甲液成分为1%铬酸25 mL、10%冰醋酸40 mL，乙液成分为甲醛10 mL、苦味酸饱和水溶液25 mL，用时甲、乙液按2∶1的比例混合。材料固定12~48 h，固定后用70%乙醇冲洗数次(不能用水冲洗)，然后脱水。

固定时，取适量材料[根茎类2~3 mm$^2$，叶片类(2~3) mm × (2~4) mm；不超过固定液体积的1/20]，放入已盛有固定液的青霉素小瓶中，用真空泵缓慢抽气(抽气过程10 min)，在真空状态(>2.03×10$^6$ Pa)放置15 min后，缓慢放气(放气过程10 min)。可观察到有小气泡冒出，样品沉到瓶底。室温放置16 h后开始脱水。

③脱水。由于固定液都是水溶液，而水不能溶解石蜡，同时，水和许多石蜡的溶剂也不能混合，所以必须经过脱水过程，将材料中的水分除去，然后用可以溶解石蜡的溶剂取代它。脱水剂首先必须能够与水任意混合，理想的脱水剂最好还要能与乙醇混合，并能溶解石蜡，对植物的组织结构无不良影响。目前，氧化二乙烯和丁醇两种溶剂比较适合，其他常用的脱水剂还有丙酮和甘油等，应用最广的是乙醇。

使用乙醇脱水时，应从低浓度开始，逐渐替换到高浓度。开始使用高浓度乙醇会使材料收缩或损伤。材料在各级浓度乙醇中停留的时间，根据材料的性质和大小而定，一般2 mm$^2$左右的材料应在各级浓度乙醇中脱水2~4 h，大的或较硬的材料要适当延长时间。步骤如下：50%乙醇30 min，60%乙醇30 min，70%乙醇30 min，85%乙醇30 min，95%乙醇30 min，100%乙醇30 min、重复2次。

④透明。材料脱水后，还要经过一种既能与脱水剂又能与石蜡互溶的溶剂处理，以便石蜡能够浸入。因为这种溶剂能使材料透明，这一步骤也称为透明。常用的透明溶剂有二甲苯、氯仿、甲苯、苯和丁香油等，应用最广泛的是二甲苯，它的特点是作用迅速，能溶解石蜡，但易使材料收缩变脆。脱水剂与脱水处理时间如下：1/4体积二甲苯与3/4体积乙醇(100%)混合液，30 min；1/2体积二甲苯与1/2体积乙醇混合液，30 min；3/4体积二甲苯与1/4体积乙醇混合液，30 min；90%二甲苯与10%氯仿混合液，60 min，2次；最

后将90%二甲苯与10%氯仿混合液装至棕色小瓶1/2体积。用90%二甲苯与10%氯仿混合液的目的是使蜡片浮起,而蜡片在100%二甲苯溶液中会沉底,压伤组织。

⑤浸蜡。浸蜡是使石蜡慢慢溶于浸透材料的二甲苯,逐渐浸入组织,最后取代二甲苯,要求石蜡完全浸透细胞的每个部分,紧密地贴在细胞壁的内外,形成不可分离的状态,以便于切片。

浸蜡必须缓慢地进行才能浸透完全。一般是从低温到高温,从低浓度到高浓度。步骤如下:将3~5片蜡片小心投入含1/2体积90%二甲苯与10%氯仿混合液和样品的小瓶,并将小瓶放置于已调到42 ℃的展片台上,大约15 min石蜡熔解,轻轻摇动小瓶,使溶解的石蜡均匀分布,再加入3~5片蜡片。几次后小瓶渐满,保持30 min后,将材料用镊子迅速转入已放有熔解石蜡(在60 ℃上)的新青霉素小瓶中。浸蜡2~3 d,每天换蜡2~3次,每次间隔大于6~10 h。

⑥包埋。包埋是指将材料排列在熔化的石蜡中,把材料稳固地埋在蜡块中,以便于以后的切片。步骤如下:将熔解的蜡片倒入折好的小船中,用烧热的镊子将材料夹到小船内,摆好位置,并用烧热的银针或接种针烫材料周围的石蜡,驱尽其中的气泡。材料的间隔距离以不影响下一步的分割和修整为宜。待表面的蜡稍凝,将小船迅速浸入已备好的冷水中,放置至少2 h。包埋好的蜡块可用干净容器装好置于4 ℃条件下存放。浸蜡和包埋用的石蜡,根据季节而定。夏季温度较高时采用熔点高的石蜡(55~60 ℃),冬季宜用熔点较低的石蜡(47~52 ℃)。

⑦切片。将包埋好的蜡块修整成梯形,载蜡台固着面朝上,涂上石蜡,用热的镊柄将已修整好的蜡块,梯形底面朝下黏附在载蜡台上,再用碎石蜡将蜡块黏牢,投入冷水中,捞出再稍加修整即可切片。切片刀口与材料呈5°~8°角,切面与刀锋平行,接近刀口,但不能超过刀口。切片厚度一般为10~15 μm。摇轮用力要均匀,速度要适中,右手摇轮,左手握毛笔,轻轻将切出的蜡带托起并向外拉出,待蜡带长度达到20~30 cm时,即可用毛笔挑起安放在盘中的白带上,按顺序排好,以便检查。

⑧粘片。粘片是将切成的石蜡薄片用黏合剂粘在载玻片上。具体操作为:用洗衣粉水浸玻片12 h后用绸布轻轻擦洗,后用清水冲洗1 h左右。蒸馏水冲洗,晾干。玻片晾干后,观察玻片表面是否清洁,清洁玻片用黏合剂涂片后放于42 ℃烘箱中烘12 h。打开展片机电源,温度保持在42 ℃,预热、展片10 min。展片后放入45~50 ℃的烘箱内的玻片架子上,用一次性手套包好,以免污染。烤片24 h以上(时间越长越好)。

⑨脱蜡、染色、脱水和透明。脱蜡是将载玻片浸在溶解石蜡的溶剂中,将石蜡除去,再换溶剂把石蜡溶剂除去。一般先用二甲苯除蜡,然后逐步转入乙醇或水中。再根据不同的组织和细胞结构选择染色剂。溶剂与处理时间如下:100%二甲苯,20 min;100%二甲苯,15 min;1/2体积的100%二甲苯与1/2体积的100%乙醇混合液,1~5 min;100%乙醇,2 min;100%乙醇,2 min;95%乙醇,1 min;85%乙醇,1 min;70%乙醇,1 min;50%乙醇,1 min;蒸馏水,1 min;甲苯胺蓝,1 h;70%乙醇,30 s;85%乙醇,30 s;95%乙醇,30 s;100%乙醇,1 min;100%乙醇,1~2 min;100%二甲苯,3 min;100%二甲苯,10~30 min。注意:二甲苯和乙醇容易挥发,用一段时间后要更新。

⑩封固。封固的目的一方面为了长期保存标本；另一方面通过有合适折光率的封固剂封固，使经过染色的材料结构更加清晰。常用的封固剂有加拿大胶和甘油明胶等。加拿大胶的折光率与玻璃相近，是目前应用最广的一种封固剂。

封固剂一般选用加拿大胶或加拿大胶与碳酸氢钠等量混合溶解于二甲苯。封固时，从二甲苯中取出载玻片放在吸水纸上，有标本的一面朝上，将标本周围的二甲苯擦去，在标本上的二甲苯未干时滴1滴封固剂。如封固剂中有气泡，可将载玻片微微加热以除去气泡。将盖玻片一端与封固剂接触，然后徐徐落下封固。除去盖玻片周围溢出的封固剂，在32℃下烘干或自然晾干。制成的载玻片要及时加标签，存放于避光、干燥处。

**(3) 冷冻切片**

冷冻切片法是将固定或不固定的新鲜材料水洗后置于冷冻台上，快速冷冻到适当硬度时进行切片。它与石蜡、火棉胶切片法相比，具有制作方法简便、节约时间、组织收缩小、能保持生活状态(包括某些酶类的活性)等优点；与徒手切片相比，具有切片厚度基本一致，能连续切片等优点。缺点是切片时组织易破裂，不易切成很薄的连续切片，冷冻切片适用于含水较多的材料。

①操作步骤。制作冷冻切片时提前将冷冻切片机制冷，然后将植物组织材料切成3 cm×5 cm的小片，如果不立即进行包埋和切片，可储存于FAA固定液中保存；当冷冻室内温度达到$-20 \sim -18$℃时，用黏合剂将样品垂直固定在托盘中，放回至托盘插口内，用水逐滴包埋，拿出后用刀修整成梯形；整形后样品放置于切片刀上方的材料口内，冷冻数分钟，当冷冻室温度达到$-25 \sim -22$℃时，转动手柄切片，厚度要求$8 \sim 16$ μm，用毛笔刷至培养皿内，自然干燥，即可在显微镜下观察。

②注意事项。通过机体上的温度指示窗调整所需温度，一般在$-25$℃即可。如果切片工作没有结束，只是短时间间歇，可将温度调至$-15$℃，不用关机，下次使用时只需把温度调节至所需温度即可进行包埋、切片。不操作时，冷冻切片机显示窗显示实际温度，按"P"显示设定制冷温度(上下箭头可调节温度)，再按一下显示自动除霜时间，不按10 s后恢复正常。按"P"和上箭头手动除霜，10 min后开始工作(10 min内再按上述箭头，取消除霜)；如持续使用，冷冻切片机设置温度以$-15$℃为宜。

## 第四节　林木病原物的培养

### 一、微生物培养基的制备

病原微生物种类繁多，从植物病理学角度上研究兼寄生性病原物的基本特性，如培养条件、营养要求特性、孢子产生和萌发与营养的关系，以及其他特性的研究和深入了解等，都离不开人工培养。这就需要掌握微生物营养要求与培养基制作的有关知识，以便在实践中根据情况设计和选择适宜的培养基。微生物生长发育需要各种营养物质，因此，在培养微生物、制作培养基时，就应根据具体类别的生理特性和要求，选择适当原料，以满足其营养和生长的需要。

## (一)培养基的主要类别

根据用途划分可分为繁殖培养基、保存培养基、加富培养基、分离培养基、鉴别培养基、生理特性测定培养基等类别,通常根据培养基的原料、物理状态和对微生物的适用性来划分。

**(1)根据材料来源划分**

①天然培养基。凡是利用生物组织或其他天然物质(如厩肥、土壤等)及其提取物或制品等配制成的培养基,称为天然培养基。天然物质有植物性的,如马铃薯、稻秸、麦粒等;有动物性的,如蛋白胨、牛肉膏、明胶等;也有微生物来源的,如酵母膏;还有非生物性的,如土壤、厩肥等,这些物质成分复杂,难以完全测知,但它们所含的营养成分丰富、完全,因此适于大多数微生物的生长发育,所以使用广泛。

②半合成培养基。半合成培养基是由成分未知的天然物质和成分已知的化学试剂配制的培养基。通常,半组合培养基多以天然材料提供氮源和生长素,附加补充碳源和无机盐类。此类培养基适合于大多数微生物的生长发育,并适于菌种保存。如实验室常用的马铃薯葡萄糖琼脂(potato dextrose agar,PDA)培养基,葡萄糖是已知成分,马铃薯和琼脂则是成分不完全清楚的天然物质。

③合成培养基。由成分已知的化学试剂配制而成,实验室常用的液体培养基均为组合培养基。组合培养基可以精确掌握各成分的性质和数量,但微生物在其上生长较慢,故常用于微生物的生理、营养、代谢、分类鉴定,以及生物测定、选育菌种、遗传分析等研究工作。

**(2)根据物理状态划分**

①液体培养基。液体培养基是将所用材料的抽提物或化学试剂定量溶于水,制成液体状态的培养基。在液体培养基中培养时,微生物可充分接触和吸收营养,利于更好地积累代谢产物。

②固体培养基。液体培养基加入适量的凝固剂即成为固体培养基。细菌、真菌在固体培养基上可形成一定形态和颜色的菌落,呈现各种各样的培养特性,因而常用于细菌、真菌的分离、纯化、培养、保存和鉴定等有关研究。实验室中应用的凝固剂有琼脂、明胶、硅胶3种,其中以琼脂最为常用。

③半固体培养基。又称软琼脂培养基。常用培养基减少琼脂用量,如每升加 2~10 g 琼脂,即制成半固体培养基,此类培养基适于培养微需氧的菌类,一般多用来培养观察细菌的运动性能和发酵性测定、鉴定菌种、测定噬菌体效价等。

**(3)根据对微生物的适用性划分**

①通用培养基。常用的马铃薯葡萄糖琼脂培养基和牛肉胨培养基等即属此类,它们含有微生物生长所需的基本营养成分,故又称基础培养基,适于大多数微生物的生长,例如,分析土壤微生物群落、检查某些种子带菌类别等,就应选用对真菌、放线菌、细菌生长均较适宜的培养基。

②选择性培养基。与通用培养基相对,适用于某种或某类微生物生长的培养基,一般通过添加或减少某些营养物质成分配制而成,用于大量其他微生物混杂的情况下,对某种

或某类特定微生物进行分离培养。

### (二) 培养基的性状

培养基的物理和化学性状与被培养微生物的生长发育有着密切关系，需要予以充分了解。

**(1) 固态和液态**

培养基有固态和液态之分，主要通过凝固剂的应用与否和用量多少进行调节。通常固态培养基较为常用，适于菌体分离、生长、鉴定、子实体产生及菌种保存等；而液态培养基多用于生理、营养、代谢特性的测定以及菌体繁殖、测定等研究。

**(2) 成分和浓度**

不同成分及其浓度不仅为病原物提供充分的营养，还保证适宜的生长条件，如离子强度和渗透压。

培养基浓度的表述常用的方式是1 L水中所加物质的量，如实验室中常用的PDA培养基含葡萄糖18 g和琼脂17 g，是指1 L水中添加的量。

培养基渗透压的大小由全部可溶解物质浓度的总和所决定。微生物本身也有一定渗透压；细菌细胞的渗透压在304~608 kPa，高的可达2027 kPa；真菌菌丝的渗透压多为2027~4053 kPa，能适应较高的渗透压。生物的渗透压往往高于其所在环境的渗透压，才能吸收养分和水分。常用的培养基渗透压在50.7~1013 kPa。真菌对渗透压的适应范围较宽，一般水生真菌偏好渗透压较低的培养基，高等真菌则适于在渗透压较高的培养基上生长。

**(3) 酸碱度和缓冲液**

培养基的酸碱度和缓冲液需要根据微生物种类进行调节。

①微生物对酸碱度(pH值)的适应范围。每种微生物只能在一定的pH值范围内生长。真菌对于酸碱度的适应范围较广，以在偏酸性的培养基上生长较好；细菌偏好中性至微碱性；而放线菌则在碱性的培养基上生长最好。

②培养基pH值的调节。实验室常用的培养基多为弱酸性，适于大多数真菌的生长，一般无需调节酸碱度，但在培养细菌和放线菌时则要调节到中性至弱碱性。此外，也可在培养基中加入磷酸缓冲液进行调节。

③缓冲液的影响和调节。微生物生长和代谢可引起培养基酸碱度的变化，由此往往抑制自身的生长。为维持培养基较恒定的pH值，一般是加入缓冲物质进行调节。一般缓冲容量比较大的培养基更适宜微生物的生长；若希望培养基的pH值很快发生改变，则应少加缓冲物质。

### (三) 培养基的配制

培养基的种类繁多，工作的需要使人们不断研推出新的类别，迄今报道的培养基有千种以上。植物病理实验室所用的培养基通常以植物质为多，类别不同，配制要点及配方各不相同。

**(1) 配制培养基需要考虑的问题**

①针对所培养的微生物对营养的要求，适当选择配方。

②按所配培养基的总量计算出各种成分的用量。

③注意试剂溶解的顺序，可以定量用水或先用少量水溶解后再定量，加入顺序一般是：缓冲化合物→主要元素→微量元素→维生素和生长素等。最好是每种试剂完全溶解后（必要时加热溶解）再加入另一种试剂。

④配制固体培养基时，应在溶液煮沸后加入琼脂，继续加热至琼脂熔化。加热中需不断搅拌，防止煳底或溢出。

⑤培养基加热过程中水分蒸发很多，应在最后补充到总量，搅匀。

⑥调节 pH 值，必要时以 0.05 mol/L 或 0.1 mol/L 的 HCl 和 NaOH 或缓冲剂等进行调节。

**(2) 分装**

培养基配好以后，经过纱布过滤，用漏斗分装试管、三角瓶或耐高温塑料瓶。斜面培养基以不超过试管高度的 1/4、形成斜面时不超过试管长度的 1/2 为宜；三角瓶或耐高塑料瓶分装量以不超过瓶高 1/3 或 1/2 为宜。分装时应防止培养基黏附管口或瓶口，否则容易导致污染。

**(3) 扎捆**

盖上试管盖或瓶盖，标注培养基名称及配制日期，试管一般 7 或 10 支扎捆，备以灭菌。

**(4) 灭菌**

培养基配制完毕应立即灭菌。

**(5) 斜面制作**

取已灭菌的试管培养基趁热将管口端垫于适当高度的木棒（木条）上，使成适当斜度，凝固后即成斜面。一般斜面长度以不超过试管长度的 1/2 为宜。

**(四) 常用培养基配方**

**(1) 马铃薯葡萄糖琼脂培养基**

马铃薯葡萄糖琼脂培养基简称 PDA 培养基，主要用于真菌与卵菌的分离和培养。配方为马铃薯 200 g、葡萄糖（或蔗糖）15~20 g、琼脂 18 g、水 1000 mL。精密实验需用比较澄清的琼脂培养基，澄清常用的方法是，将制备好的培养基趁热放在大口玻璃容器中，冷凝 12 h，培养基底部会出现一层沉淀薄层；倒出培养基削去此沉淀层，再熔化、分装、灭菌。

**(2) 营养肉汁胨 (nutrition broth, NB) 培养基和营养琼脂 (nutrient agar, NA) 培养基**

NB 培养基主要用于分离和培养细菌，配方为牛肉浸膏 5 g、蛋白胨 10 g，加水至 1000 mL，即成 NB 培养基。若用固体培养基，可加琼脂 15~20 g，即成 NA 培养基。培养植物病原细菌，可加 10 g 葡萄精或蔗糖，有时可用蛋白胨或酵母膏代替牛肉浸膏。

**(3) Luria-Berani (LB) 培养基和 LA 培养基**

主要用来分离和培养细菌。配方为蛋白胨 10 g、牛肉浸膏 5 g、NaCl 10 g，加水至 1000 mL，即成 LB 培养基。若用固体培养基，可加琼脂 17 g，即为 LBA 培养基。

**(4)燕麦片琼脂培养基**

用于培养真菌和放线菌,可促使某些真菌形成孢子和子实体,也适于保存腐霉属 *Pythium* 和疫霉属 *Phytophthora* 等菌种。配方为燕麦片 30 g(水浴 1 h)、琼脂 17 g、水 1000 mL。琼脂加到 30 g,培养基不易干燥,有利于较长时间培养,又利于促进孢子产生。

**(5)玉米粉琼脂培养基**

玉米粉 300 g、琼脂 17 g、水 1000 mL。此培养基养分少,缓冲作用小,故一般真菌在其上生长较差,但适于菌种保存。有些真菌在此培养基上能产生孢子和子实体;有些低等鞭毛菌能在其上产生有性世代。

**(6)黑麦培养基**

含黑麦 50 g、蔗糖 20 g、琼脂 16 g、蒸馏水 1000 mL,适合培养疫霉。

**(7)丝核菌培养基**

①水琼脂培养基。琼脂 20 g、水 1000 mL。

②马铃薯酵母琼脂培养基。25%马铃薯浸汁 1000 mL、葡萄糖 20 g、酵母膏 1 g、琼脂 18 g。通常将菌丝转到该培养基上,室温培养 2~3 d 后再转移到水琼脂平板边缘上,室温和散射光条件下培养,将产生担孢子。

**(8)植物组织和煎汁**

许多植物材料如豆荚、茎秆、胡萝卜、种子等,放在试管或三角瓶中,加适量水以保持湿润,灭菌后即可作培养基用。植物煎汁可以满足一些特定微生物的营养要求,可根据需要用作培养液或加琼脂制作固体培养基。经常用的如马铃薯柱斜面,制法是用打孔器或刀削成略细于试管的柱状薯块,切成斜面;试管底部放小团脱脂棉,加约 1 mL 水,然后放入薯块斜面灭菌。有些真菌(如镰刀菌属)在其上培养能产生孢子,有些病原细菌也适宜在其上生长。

**(9)玉米沙培养基**

玉米沙培养基是玉米粉和沙土制成的培养基,在进行土壤接种繁殖真菌时常常用到。配方为玉米粉 1000 g、洗净的河沙 1000 g、水 1500 mL,玉米粉和沙加水混匀,分装三角瓶内,121℃灭菌 2 h,冷却后摇动,增加空气间隙。

**(10)土壤浸液琼脂培养基**

此培养基适于分离和培养许多土壤微生物,土壤浸液配法很多,常用方法是土壤 100 g 加水 1000 mL,121℃灭菌 20~30 min,浸液加滑石粉或碳酸钙(絮凝除掉胶体物质),再过滤澄清,按以下成分配制培养基:土壤浸液 100 mL、琼脂 15 g、水 900 mL。

**(11)离体叶培养液**

将经表面消毒的叶片用无菌水洗净,浮在 27~60 μg/kg 苯并咪唑溶液中,供接种病菌、观察病情和病菌发生发展而用。

**(12)查氏(Czapek)培养液**

含 $NaNO_3$ 2 g、$KH_2PO_4$ 1 g、$KCl$ 1 g、$MgSO_4$ 1 g、$FeSO_4$ 0.02 g、蔗糖 30 g、水 1000 mL,可以用来对各种真菌进行液体培养。也可加入琼脂 15~20 g,制成固体基质,用来培养多

种真菌。

### (五) 培养基选配原则和注意事项

微生物种类繁多，培养基种类也复杂多样，研究目的各有不一，故应选择适合的培养基，以达到实验的预期目的。

**(1) 培养目的**

通常进行真菌等的分离、培养和菌种保存，多采用通用的半组合培养基；为促使真菌孢子和子实体产生，多采用天然培养基或带有植物组织成分的半组合培养基；对于特定类别微生物的分离和培养，利用选择性培养基为优；进行微生物的营养、代谢及毒素产生等生理方面的研究，则常应用带有选择性的组合培养基(液)效果更优。精密实验中，为了避免琼脂的影响，应该用培养液或用硅胶配成的固体培养基。

**(2) 微生物的营养特点**

微生物的生长发育均需要碳、氮、无机盐、生长物质和水分，但又各有偏好。例如，葡萄糖是众多真菌最常用的营养碳源，但对某些镰刀菌属 *Fusarium* spp. 的孢子产生却不及乳糖；分离土壤中的丝核菌 *Rhizotonia* 可少量添加氮源和碳源，而菌核形成时则需高浓度氮源；分离土壤中的轮枝菌 *Verticillum*，可用土壤浸出液，而不加或少加碳源，由此可抑制霉菌生长。

**(3) 微生物对 pH 值的适应性**

一般而言，真菌和卵菌喜弱酸性，培养细菌喜好中性或弱碱性，放线菌则喜弱碱性。

### (六) 培养基配置注意事项

**(1) 天然材料的应用**

植物材料应用时，要以清水洗净除去污物杂质利于彻底灭菌，有利于真菌生长；植物种子用水浸泡后利于养分释放，尤其是高粱，还可除去影响菌类生长的鞣质成分；应用淀粉类物质(玉米粉、燕麦片等)，要经过水浴煮沸过滤后方可应用，以免影响培养基的透明度。

**(2) 琼脂的处理**

琼脂中含有少量的 $Ca^{2+}$、$Mg^{2+}$、$Na^+$、$K^+$ 等矿物质和生长素，用前应浸泡洗除，必要时浸泡 12 h，这样不仅可以减少无机元素的影响，还可使培养基澄清。有条件的实验室最好使用琼脂粉，免于上述处理。

**(3) 水的选择**

精密实验、配制组合或半组合培养基，一般要用蒸馏水或去离子水；一般实验、配制天然培养基或大多半组合培养基，普通洁净的自来水即可，而且其中的矿物质及微量元素还有利于微生物的生长，但应了解水的酸度以及是否含有毒害物质；硬水中含有较多的 $Ca^{2+}$ 和 $Mg^+$ 等金属离子，配制的培养基沉淀物较多，应避免应用。

## 二、灭菌

灭菌是指用物理或化学的方法完全除去或者杀死所有微生物，灭菌是植物病理研究工作中的基本操作。

**（一）灭菌的方法及其原理**

灭菌的方法很多，常见的有热力灭菌、过滤灭菌、辐射灭菌等。

**（1）热力灭菌**

热力灭菌是利用高温使微生物细胞中的蛋白质凝固变性，从而达到杀菌的目的。热力灭菌可分为干热灭菌和湿热灭菌两类。

①干热灭菌。通过高温使细胞中的蛋白质凝固，直接利用热空气或者直接杀灭微生物。干热灭菌包括灼烧灭菌和烘烤灭菌。

灼烧灭菌：直接在火焰上灼烧的灭菌方法。此法破坏性大，故只适用于金属物品（如接种针、接种环、解剖刀、镊子、剪刀等）的灭菌；病菌移植时，试管或三角瓶等用火焰灼烧封口，也属灼烧灭菌，杀灭对象是瓶口或管口附近的微生物。

烘烤灭菌：也称加热空气灭菌。此法是借空气对流（或介体传导）传播热力，一般是在电烘箱中进行，其温度可以调节，有的有鼓风设备，使箱内温度均匀。此法的优点是效果可靠、物品保持干燥；缺点是耗时长、温度高而易使某些物品碳化。此法多用于玻璃器皿、金属制品、液体石蜡、土壤等物品的灭菌，常规指标为165 ℃、60 min。烘烤灭菌的注意事项：灭菌时间从箱内达到要求温度开始计时；灭菌过程中不得打开箱门，以免器皿破裂或物品燃烧；加热温度不得超过180 ℃，以防箱内纸、棉等物品碳化变焦；金属制品洗净后再烘烤，否则表面会附着污物炭化；玻璃器皿应完全干燥后灭菌，以防破裂，且灭菌后应待温度降至45 ℃后取出，以防温度骤降而破裂。

②湿热灭菌。通过热的蒸汽或液体凝固菌体蛋白质使其死亡。湿热灭菌的渗透力较强，效力优于干热灭菌。而且蛋白质的凝固温度随含水量增高而降低，如含水25%时凝固温度为74~80 ℃，而干蛋白则需160~170 ℃才凝固。因此，培养基用干热灭菌需160 ℃、1 h，而湿热灭菌121 ℃、20 min 即可。湿热灭菌常包括煮沸灭菌和高压蒸汽灭菌等。

煮沸灭菌：主要靠水的对流传导热力。温度不超过100 ℃，一般只能杀灭微生物的营养体；若欲达到彻底灭菌，则需要延长时间。此法操作简单，但处理后被污染的概率大。实验室中的注射器、单孢分离时应用的玻璃针、滴管等器具常采用煮沸灭菌。

高压蒸汽灭菌：在密闭可加压的灭菌器中进行，也称加压蒸汽灭菌。其原理是，水的沸点随压力增加而增加，据此水在密闭灭菌器内煮沸，使蒸汽不能逸出，致使压力增加，结果使蒸汽温度升高。高压蒸汽灭菌由于温度高、蒸汽穿透力强，可在较短时间内达到彻底灭菌的效果，是热力灭菌中使用最普遍、效果最可靠的方法。高压灭菌时间一般是达到101 kPa 后维持20~30 min，容积较大的物品需灭菌1~2 h。高压灭菌器使用注意事项：a. 灭菌器内冷空气的排除。灭菌效果取决于温度，灭菌器内若有冷空气存在，会降低蒸汽分压，使实际温度低于压力表所指的温度值；甚至局部空气滞留形成温度分层，使热力难以穿透，由此影响灭菌效果。为保证排气完全，在关闭气门后，当压力上升到34 kPa 时，可再打开气门重复排气1~2 次，最好在灭菌器上安装温度计。b. 灭菌完毕的排气速度。排气速度要适当，太快，灭菌器内的培养基会沸腾而冲脱或沾湿棉塞，还会致使器皿炸裂；太慢，培养基受高温处理时间过长，对有些成分不利。c. 严格安全操作。灭菌器盖以螺丝加固的，两侧对称螺丝拧紧的程度要相同，防止受力不均而崩裂；压力未降到零点时，不得开启压力锅；灭菌过程中不得敲击锅体。

**（2）过滤灭菌**

有些溶液含有易被高温处理破坏的物质，如抗菌素、血清、维生素和某些糖类等，可用过滤灭菌方法除去其中的细菌；有的工作需要空气过滤灭菌。

①溶液过滤灭菌。用于溶液过滤的细菌过滤器是由孔径极小、能阻挡细菌通过的物质（如陶瓷、硅藻土、石棉或玻璃砂等）制成，用得较多的是赛氏（Seisz）滤器、烧结玻璃滤器和薄膜滤器。

②空气过滤灭菌。微生物的深层培养，通入的空气必须经过灭菌；无菌室的空气、超净工作台的洁净空气均需过滤。空气中的微生物（如细菌）会吸附于微尘；真菌孢子大小犹如微尘，单独存在于空气中。一般少量空气用过滤管，以棉花、羊毛渣或玻璃纤维作过滤材料过滤，后两者效果更好。

**（3）辐射灭菌**

辐射灭菌是利用一定剂量的射线，使细胞内核酸、原浆蛋白和酶发生化学变化而杀灭微生物。植物病理实验室常用的为紫外线辐射。紫外线辐射的穿透力较差，几乎不能穿透固体物，甚至 2 mm 厚的玻璃也可阻隔；对液体穿透力也很差，故仅适于空气和物体表面灭菌。此法对真菌效果差，对病毒和细菌灭菌效果强。其杀菌有效波长在 240~280 nm，一般应用 15~30 W 的紫外灯管，灭菌有效区为 1.2~2.0 m，以 1.2 m 内为宜。一般情况下，10 $m^3$ 左右的空间照射 20~30 min 即可。紫外线可损伤人体，引起电光性眼炎，因此切勿在开启紫外灯的情况下工作，尤其不要直视开启的紫外灯。

**（二）各种物品灭菌处理**

**（1）玻璃器皿灭菌**

玻璃器皿多采用干热灭菌，事前洗净、晾干、擦净水迹，一般 160~170 ℃处理 1 h；采用湿热灭菌则为 121 ℃处理 20 min，灭菌后应干燥使用。

①培养皿。玻璃培养皿一般应用专用的灭菌铁桶，或用牛皮纸、报纸包好灭菌；应急时也可湿热灭菌。目前一次性塑料培养皿已渐趋普及，出厂包装前均已经充分灭菌，封装完好，若质量有保证，可以拆封直接使用。

②吸管及移液管。玻璃吸管或移液管可用专门铁桶装好灭菌，装桶前要先在管口处塞少量脱脂棉，然后用纸单支或 5~10 支包好，并注意尖部加厚保护。目前移液器已在大多数实验室普及使用，对此只需对塑料吸头进行灭菌即可使用；有条件的也可购买已经灭菌、无菌封装的吸头直接使用。

③其他玻璃器皿。如试管、三角瓶、烧瓶等，应先塞好棉塞，并用纸包好后再灭菌；大的玻璃瓶，要纸包好后灭菌，以防温度变化较大而损坏；器皿上连有橡皮塞（或管）的，需采用湿热灭菌；临时需用或加热易损坏者，可用浓铬酸洗涤液、0.1%氯化汞溶液、5%福尔马林或70%乙醇等药剂灭菌，药剂灭菌后，用无菌水清洗干净方可使用。

**（2）培养基灭菌**

培养基多采用高压灭菌，指标为121℃、30 min。油脂类（如保存菌种的矿物油）较难灭菌，应用时可单独干热灭菌(165 ℃、1 h)或湿热灭菌(121 ℃、20 min 后，加到培养基中再灭菌)。某些培养基成分在高温下易分解破坏，可间歇灭菌或加压处理(115 ℃、10 min)；必要时可将器皿先行灭菌，盛装培养基后再 115 ℃、10 min 灭菌；也可过滤或化学灭菌后再与灭菌的培养基混合。许多生物材料(如植物的枝、叶、残体等)经高温灭菌后性质会发生改变，影响应用。例如，某些作物残体在自然条件下容易使某些真菌产生孢子或子实体，但高温处理后则不能。此类材料可用化学灭菌。

**(3) 土壤灭菌**

土壤比较难以灭菌。薄层土壤干燥灭菌要 165 ℃、几个小时，高压灭菌也需 121 ℃、2 h。经过高温处理，土壤的理化性质也有改变，故可用间歇灭菌(每天 2 h，共 5 d)；土壤中的病原生物对高温的抵抗力并不强，潮湿土壤 70℃灭菌 1 h，足以杀死其中的病原生物，故也可采用巴斯德灭菌法。此外，还可采用福尔马林、环氧丙烷等化学方法熏蒸灭菌。

此外，对实验室常用的刀、剪等金属器械进行灭菌，可在 70%乙醇中浸后，经火焰灼烧灭菌。大量使用时，可将所用器具包扎好，或放入适当容器中，干热灭菌或高压蒸汽灭菌。

### (三) 灭菌效果检验

检验培养基高压蒸汽灭菌效果时，灭菌后的三角瓶、耐高温塑料瓶或斜面试管在 25~30 ℃下放 3 d 左右，确定无菌后再用；或将灭过菌的 PDA 培养基斜面培养基(适于真菌生长)和牛肉膏蛋白胨琼脂斜面培养基(适于细菌生长)各取 2 管放入灭菌场所，灭菌后从中各取 1 管打开，在空气中暴露 30 min，盖上试管盖，同对照管一起在 30 ℃下培养，48 h 后检验有无菌落生长，以无菌落出现为合格。检测紫外线灭菌效果时，在灭菌场所的不同高度和位置同时放 2 种培养基(PDA 培养基和牛肉膏蛋白胨培养基)，每处每种放置 2 个，一个开盖，一个不开盖用作对照，5 min 后再盖好，在 30 ℃条件下放置 48 h，以无菌落出现为合格。

# 第七章

# 大型真菌标本实习的方法与技术

## 第一节 大型真菌标本采集

**(1) 采集地点**

不同的大型真菌具有不同的生态习性,因此,在进行某一地区的区系调查时调查内容应包括所有的生境类型,如各类森林、草地、农田、沙地、粪堆、活立木、枯立木、树桩和腐木等。不同真菌其生境与习性不同,就某一种而言是比较固定的,是分类的依据之一。大型真菌的生境可分为林内地生、树生、草地生、湿地生、旱地生等;习性有单朵发生、成群发生,还有簇生、叠生等。标本采集应根据其种类特点确定采集地点及时期,一般在普查基础上先选择真菌发生多的地方采集,然后进行补点采集。

**(2) 采集用具**

①采集袋、平底背筐或塑料桶。用于盛放各种真菌标本。

②掘根器和刨根器。用于挖掘地生真菌标本。

③采集刀、枝剪和手锯。用于采集木生真菌标本。

④硬纸盒若干个。用于存放珍贵或容易破碎的标本。

⑤漏斗形白纸袋(用光滑洁白的纸临时制作)。用于包装肉质标本。

⑥采集记录册、铅笔、号牌。

⑦白纸、黑纸。用于制作孢子印。

⑧玻璃管。用于存放小型菌类,如虫草等。

⑨照相机、采集记录册、铅笔、号牌。

⑩钢卷尺、线或细绳。

⑪测高计、湿度计、温度计、指北针。

⑫防护衣物(长衣、长裤)并携带一定的药品(蛇油、风油精等)。

**(3) 采集方法**

在确定采集路线后,一般在上午到中午时段进行采集,下午回到宿营地整理标本。采集过程按一定层次顺序进行观察、寻找,如草丛、落叶层、枯枝、树木。发现标本后不要马上采集，应先观察记录其生境、习性，然后进行拍照（采用慢速拍摄方法），拍照后填写采集记录卡，然后进行采集。采集中注意大、中、小菇蕾均进行采集，每份标本均应保持其完整性，包括菌盖表面的附属物、菌环、菌托及地下部分等。采集的标本视其质地分别用较软的报纸包裹，然后将标本和采集记录卡一一对应放入采集箱或篮中，木生标本应带一些树皮或枯枝。

采集方法应视菌类的质地和生长基质的不同而有所不同。对于地上生的伞菌类、腹菌类和盘菌类，可用掘根器采集，一定要保持标本的完整性。包括地下部分的根状菌索、假根；菌柄基部的绒毛；菌柄上的菌托、菌环、绒毛和鳞片；丝膜菌的丝膜；菌盖上的鳞片、绒毛；菌缘的菌幕残片等。尽量将其菌蕾、未开伞的幼体、已开伞的成熟子实体和过熟子实体全部采到。对于立木、树桩和腐朽木上的菌类，可用采集刀连带一部分树皮剥下，有些可用手锯或枝剪截取一段树枝。每种标本应采到10个子实体以上为宜。

①地生真菌采集方法。大型真菌大多为地生，如各种伞菌、盘菌、腹菌等真菌。它们都生长在沃土或粪土上，利用土中丰富的有机物形成地下菌丝和子实体。遇到各种地生真菌时，若用手去拔，这样做既容易损伤地上的子实体，也很难将子实体菌柄下端的地下菌丝拔出土外。正确的做法是用掘根器和刨根器小心挖取，如果没带掘根器和刨根器，采集时可用手轻轻捏住菌柄基部，缓慢将菌体旋转一周然后拔出，尽量带出地下部分，抖掉泥土。采集时应注意保持菌体的完整性，不要损伤各部，如菌环、菌托、盖面、柄上的绒毛和鳞片，以及菌幕残片等。有些菌类的菌柄在土中埋的很深，需用刀或掘根器挖出来。有些伞菌柄（盘菌和腹菌）的基部有菌索伸入土中，应注意一起采取。

②木生真菌采集方法。木生真菌有的寄生在活的树木上，有的腐生在枯立木、倒木或伐木桩上。各种多孔菌、银耳、木耳等都是木生真菌。采集时可用短刨根器和手锯采取，尽可能将基物一小部分和标本一起采下。枯枝上的标本可用枝剪剪取。

对于采集到的标本，要按照标本的不同质地分别包装，以免损坏和丢失。肉质、胶质、蜡质和软骨质的标本需要用光滑而洁白的纸制作成漏斗形的纸袋包装，把菌柄向下，菌盖在上，保持子实体的各部分完整，将编号纸牌放入后包好，再分别将包好的标本放入塑料桶或筐内。对其中稀有和贵重的标本，或易压碎的标本以及速腐性种类，可将包好的标本放在硬纸盒中，在盒壁上多穿些小孔以通风。有些小而易坏的标本，也可装入玻璃管中，以免损坏丢失。木质、木栓质、革质和膜质的标本，采集后拴好标本编号纸牌，再用旧报纸分别包好或直接装入塑料袋内即可。

**(4) 采集时间**

大型真菌多以夏秋多雨的7~8月出现最多，所以此时采集标本最为适宜。如伞菌目、木耳目、肉座菌目、柔膜菌目、盘菌目、腹菌类各目和一年生多孔菌类的种类，但盘菌目的一些种如羊肚菌和马鞍菌等多在春末发生，过时即消失，因此也需及时采集。多年生的多孔菌类一年四季均可采到，以春季和晚秋采集为宜。

**(5) 野外记录**

采集大型真菌标本时，应在采集记录表中逐项填写标本特征（表7-1）。可分为两个阶段，在野外采集现场时，可以根据初步观察进行主要项目的记录；回到驻地，在整理标本的同时要对现场记录进行完善,形成完整的记录(表7-1)。采集时就标本的特征及其他需记录的事项进行仔细观察和测量,然后按表中项目认真填写。在辨别伞菌的各种味道时,要用鼻闻和口尝。口尝时切记少咬,辨清味道后要立即吐出,以免中毒。当遇到鹅膏类等怀疑有毒的种类时,切勿口尝。记录表中各项在短暂的采集过程中,不可能全部填写,只填写主要部分,其余部分在整理标本时补充。在取得孢子印后,可填写孢子印栏。

表7-1 大型真菌标本野外采集记录表

| 标本名称: | 采集地点: |
|---|---|
| 学名: | 采集号: |
| 生长环境: | 标本采集部位: |
| 寄主名称: | 海拔: |
| 子实体形态特征: | 基物: |
| 菌盖、菌肉、菌褶、菌管、菌环、菌柄、菌托: | |
| 孢子印: | |
| 附记: | |
| 采集人: | 采集时间: 年 月 日 |

　　填表说明:基物指地上、腐木、立木、粪上等;生态指单生、散生、群生、丛生、簇生、叠生等;菌盖包括直径、颜色、黏度、形状等;菌肉包括颜色、气味、伤后变色等;菌褶包括宽度、颜色、密度、是否等长和分叉等;菌管包括管口大小和形状、管面颜色、管里颜色、排列状态等;菌环包括质地、颜色等;菌柄包括长度、直径、颜色、基部形态、有无鳞片和腺点、质地、是否空心等;菌托包括颜色、形状等;孢子印包括颜色等;附记包括用途、是否有毒、产量等。

　　大型真菌的原色照片和彩图对于种类鉴定非常必要,在采集和整理过程中应及时拍摄新鲜标本的照片或绘图。拍摄照片时要有生态照片和形态照片。前者以反映大型真菌的生境为主;后者则突出反映各部分的形态结构特征。每种的形态照片要尽可能多拍摄几张,包括正、侧、倒(示菌褶)和纵切等不同视角的形态特征。现场绘图时可暂时绘好轮廓和主要特征,并在各部位少涂一点儿标志性颜色,待整理标本时再对照标本详绘。无论是照片还是绘图,都应有与标本号相对应的编号。

　　**(6) 采集注意事项**

　　采集标本要在教师指导下有组织地进行,一般不要见到大型菇类就随意采集,以免影响其他实习小组的观察,并导致大型真菌生物多样性的破坏。大型真菌中,由于有不少有毒种类,因此,在采集中,对采到的真菌标本,鉴定时决不能口尝,更不能随便把一些不认识的种类,当作食用菌带回食用。因为各种有毒蘑菇,在真菌分类学中并不是一个自然类群,彼此间的外部形态、内部结构以及生态习性很不相同。可食用蘑菇与毒蘑菇之间很难找出一条绝对的标准加以区别,即使是可食用的蘑菇,不同种类的食用方法也有很大差别。所以采到不熟悉的标本时一定要慎重。

　　**(7) 标本的临时保存**

　　标本采集后,要立即分别包装,以免损坏和丢失。不同质地的标本,包装方法不同。对肉质、蜡质和软胶质标本,可放入漏斗形白纸袋中(用光滑白纸现用现做,其容积随标本大小而定)。包装时，菌柄向下，放入号牌，包好上口，然后将包好的标本放入筐或桶内。如采到稀有、珍贵或容易破坏的标本，可直接放入硬纸盒中，四周用洁净的植物茎叶充填，以免磨伤标本，并可在盒壁上穿些孔洞，以利通风。如采到寄生菌时，须将寄主一起采取，一起放入盒中。小型蕈菌类，如虫草等，直接放入玻璃管内。木质、木栓质、革质和膜质的标本，可直接分种装入塑料袋内，每种标本袋内要装入号牌。

## 第二节 大型真菌标本处理

**(1) 标本整理和特征记录**

采集的标本务必于当天及时整理。整理时，首先把塑料布铺在桌上、木板上或干燥的平地上；然后在塑料布上铺上白纸或旧报纸；最后把标本按不同的种类分别晾晒在纸上。应注意在摆放标本时要使菌褶或菌孔朝上，清除标本上的杂物，但与其生态环境有关系的枯枝叶、木屑、沙砾和昆虫尸体等应妥善保留，以供鉴定时参考。根据质地、性质等把标本分为三类，以便分别整理。

第一类：凡肉质、含水多，脆、小、黏和易腐烂的标本应首先整理。整理时将白纸铺于桌上或地上，经过初步分类，小心清除标本上的泥土和杂物，再分别轻放在白纸上，菌褶或菌孔应朝上，然后再根据分类特征进行鉴定。能当即定名的就及时定名，定不了的，要把主要特征记录下来。

第二类：肉质但含水较少和腐烂较慢的种类。待第一类标本整理后再整理该类标本。

第三类：木质、木栓质、革质和膜质的标本，可先放通风处晾干，在 1~2 d 整理出来即可。如果要制作孢子印，则同样需要用当天的新鲜标本进行。

按时间先后依次整理第一类和第二类标本。需制成液浸标本时，也要及时处理。当日整理不完时，可于次日早晨再整理。通常标本不整理完不外出采集。至于第三类标本可先放于通风处晾干，待有时间时再整理。

采回的标本应在当天认真记录，以免因存放过久使其颜色、形态发生变化，导致记录不准确。标本特征记录应按一定顺序进行，菌盖记录包括形态、质地、表面附属物、是否有菌幕破碎残片挂在边缘及黏性等，黏着的沙粒、树叶等应在尽量保持原状的前提下适当进行处理；菌肉记录包括颜色、质地、与药剂反应情况及损伤后是否有乳汁及气味等；菌环记录包括菌环破裂后的痕迹、单层或双层等；菌托、菌柄及假根应记录其形态特征；还应记录标本生活的基物及特征。

**(2) 标本分类**

对标本进行分类应依据其形态结构特征、生理特征及生活习性等进行综合分析、鉴别。现就几个主要特征加以简单介绍。

根据孢子的位置可判定真菌所处的亚门地位。用子实体制作徒手切片进行镜检，如孢子生于子囊内说明该标本属于子囊菌门，如孢子生于子实层的担子上说明该标本属于担子菌门。孢子印和菌褶内孢子的特征是分类的重要依据。

各种真菌的孢子在形态、大小、颜色等各方面都有很大差异，是真菌鉴定中的主要特征之一，所以一般均应制作孢子印。孢子印就是把菌褶或菌管上的子实层所产生的担孢子接收在白纸或黑纸上。以下介绍两种孢子印制作方法。

方法一：将新鲜的子实体用刀片齐菌褶把菌柄切断，然后把菌盖扣在白纸上（有色孢子）或黑纸上（白色孢子），也可把一半白纸和一半黑纸拼粘成一张纸而将菌盖扣于上面，再用玻璃罩扣上。经过2~4 h，担孢子就散落在纸上，从而得到了1张与菌褶或菌管排列方式相同的孢子印。

方法二：将用来接收孢子的纸折叠起来，在中央剪出一个适合的圆孔，再把菌柄插入洞内，使菌褶紧贴纸上。然后再将子实体连同纸一起放在盛有半杯水的小杯口上，此法可加速孢子印的接收。

当获得孢子印以后，应及时记录新鲜孢子印的颜色，并将其编上和标本相同的号，一起保存或分别保存，以备鉴定时查用。注意：不要用手或其他物品擦摸孢子印，以免破坏。

孢子印的颜色多样，如白色、水红色、褐色、黑色等。制作孢子印时，应依孢子颜色选用反差性大的纸，孢子是白色的多用黑色或蓝色的手工纸，孢子为其他颜色的可用白纸。为使孢子印上的孢子干后不脱落，可在纸上涂一层阿拉伯胶或胶水。

孢子的形态、大小、表面特征及在梅氏液中的显色反应是分类的重要依据。孢子的采集除上述纸上采集法外还可用褶上涂抹法和皿上采集法。褶上涂抹法是用接种环直接在菌褶的两侧或子实层上涂取孢子，然后制片镜检。皿上采集法是将菌柄切去后将子实体放在上下扣合的培养皿内，24 h后从皿中取孢子进行镜检。取孢子后用于接种培养还可以用珠上采集法、砂上采集法及溶出法。

菌环、菌托、附属物、菌褶也是依据之一，菇类真菌多属于担子菌门，在担子菌中子实体为肉质至革质且有菌褶的属于伞菌目；子实体肉质且有菌管的属牛肝菌类；子实体木栓质至木质且有菌孔或菌褶的属多孔菌类。

## 第三节　大型真菌菌种分离和培养

**(1)平板划线分离法**

①取适合真菌的琼脂培养基融化，冷至45 ℃，注入无菌平皿中，每皿15~20 mL，制成平板待用。

②取待分离的材料（如田土、混杂的或污染的真菌培养物、真菌）少许，投入盛无菌水的试管内，振摇，使分离菌悬浮于水中。

③将接种环经火焰灭菌并冷却，蘸取上述悬浮液，进行平板划线（同细菌的划线法）。

④划线完毕，置于培养箱中培养2~5 d，待长出菌落后，勾取可疑单个菌落先做制片检查，若只有一种所需要的真菌生长，即可进行勾菌纯培养。如有杂菌可从单个菌落中勾少许菌制成悬液，再作划线分离培养，有时需反复多次，才得纯种。另外，也可在放大镜的观察下，用无菌镊子夹取一段待分离的真菌菌丝，直接放在平板上作分离培养，可获得该种真菌的纯培养。

**(2) 稀释分离法**

①取盛有无菌水的试管5支(每管9 mL)，分别标记1、2、3、4、5号。取样品(如田土等)1 g，投入1号管内，振摇，使悬浮均匀。

②用1 mL灭菌吸管，按无菌操作法，从1号管中吸取1 mL悬浮液注入2号管中，并摇匀；同样由2号管取1 mL至3号管，依此类推，直至5号管。注意每稀释一管应更换一支灭菌吸管。

③用2支无菌吸管分别由4号、5号试管中各取1 mL悬液，并分别注入2个灭菌培养皿中，再加入融化后冷至45 ℃的琼脂培养基约15 mL，轻轻在桌面上摇转，静置，使冷凝成平板。然后倒置于培养箱中培养，2~5 d后，从中挑选单个菌落，并移植于斜面上。

**(3) 单孢分离法**

用无菌水逐级稀释法制成孢子悬浮液，使其在160倍显微镜下每视野有4~5个孢子，用具细长嘴的皮头滴管(在酒精灯火焰上灭菌)吸取孢子悬液，逐一滴入琼脂平板上。置于25 ℃培养箱内培养。待一段时间后，将显微镜放在超净工作台上，把含孢子的平板放在载物台板上，打开皿盖移动平板并旋转升降手轮和变倍手轮，寻找刚萌发尚未分支且周围无其他孢子紧靠着的单个孢子，在显微镜下，用特制的接种针(将小号昆虫针或镍丝固定到接种针的棒上，将其尖端敲成一个略扁的尖形体，并将一侧磨成很锋利薄针)侧面划开孢子所在位置的培养基，用针的平面轻轻地挑取一小块培养基，移入斜面培养基中，置斜面于适温培养即可获得单孢菌株。

## 第四节　真菌的载片培养法

载片培养法可使对真菌菌丝分枝和孢子着生状态的观察获得更满意的效果。具体做法为：取直径7 cm左右圆形滤纸一张，铺放于一个直径9 cm的平皿底部，上放一"U"形玻璃棒，其上再平放一张干净的载玻片与一张盖玻片，盖好平皿盖进行灭菌。挑取真菌孢子接入盛有灭菌水的试管中，摇振试管制成孢子悬液备用。用灭菌滴管吸取少许灭菌后融化的真菌固体培养基，滴于上述灭菌平皿内的载玻片中央，并以接种环将孢子悬液接种在培养基四周，加上盖玻片，并轻轻压贴一下。为防止培养过程中培养基干燥，可在滤纸上滴加20%甘油3~4 mL，然后盖上平皿盖，即成真菌载片。将真菌载片放在适宜温度(多数真菌为20~30 ℃)的培养箱内培养，定期取出在低倍镜下观察，可以观察到孢子萌发、发芽管长出、菌丝的生长、无隔菌丝中孢子囊柄与孢子囊孢子形成的过程，还可观察到有隔菌丝上足细胞生长、锁状联合的发生、孢子着生状态等。

## 第五节　大型真菌标本形态鉴别

收集到的标本要及时利用一定的实验条件(如放大镜、显微镜等及相应的工具)，认真、仔细地根据每一件标本的形态、结构、生物学特征、出现的生境、孢子印颜色、孢子形态和大小等，给每份标本一个确定的名称及学名。

对于非常见种类或新种的鉴定还要做许多专项实验研究，查阅更多的专门文献资料，对研究的结果请国内外有关部门或专家进行确定。并将以上研究的最终结果整理成专题论文，发表在相应的学术刊物上，以获得学术界的认可。

对标本进行分类应依据其形态结构特征、生理特性及生活习性等进行综合分析、鉴别。现就几类主要特征加以简单介绍。

## 一、形态特征

大型真菌具有各种各样的外部形态特征，如子实体形态、菌丝组织、菌丝体形态、孢子形态等。其中子实体形态描述是判别鉴定大型真菌的最常见的方式。通过描述不同大型真菌的形态特征，我们可以了解这些大型真菌的生长繁殖规律、自然演化、孢子释放形式、对生态环境的适应等。

菌丝体及组织化的形态特征也有助于判别大型真菌的种类，如研究菌丝体的发育特性（如菌索、子座、菌核等）有助于对标本进行分类。菌丝体是子囊菌和担子菌的营养器官，存在基质中，条件适合可无限生长。菌丝可分为初级菌丝（单核菌丝）和次级菌丝（双核菌丝）。子囊菌有性生殖时细胞进行钩状联合，担子菌细胞分裂时，进行锁状联合。

大型真菌的鉴别主要依据子实体的形态结构和质地，子实层的结构，孢子（即子囊孢子或担孢子）的形态、大小和颜色，以及生态习性等几个方面。

子实体是高等真菌产生有性孢子的结构，大型真菌中常称为"蘑菇"。子囊菌的子实体称子囊果，担子菌的称担子果。子实体的形态多种多样，子囊菌中大多为盘状或碗状，有的为马鞍形或羊肚形等。担子菌的子实体大多为伞状，也有的为球形、扇形、笔形、脑状、耳状、块状、喇叭形等，多孔菌类的子实体大多为平伏、平展至反卷以及其他类型。子实体的质地也不相同。可分为肉质、纤维质、革质、木质、木栓质以及胶质等。不同的子实体颜色也不同，有白色、红色、黄色、蛋壳色、褐色等。在子实体形态结构方面，不同类型的真菌差异较大，下面仅对常见的伞菌类和多孔菌类两大类作简要介绍。

### （一）伞菌类子实体的形态特征

**（1）菌盖**

菌盖是指子实体顶端的帽状结构。

①菌盖的形态。不同的伞菌，其菌盖的形状不同；即使是同一种伞菌，其菌盖的形状也会随子实体的生长阶段而变化。一般将菌盖分为钟形、斗笠形、半球形、平展形和漏斗形等，中部有平展、凸起、脐状和下凹等特征。菌盖边缘的形状也不一样，幼嫩时与成熟后的形状可能完全不同。成熟后一般可分成上翘、反卷、内卷、延伸等，周边有全缘而整齐的，也有呈波浪状而不整齐或撕裂的。

②菌盖质地。因种而异，有肉质、膜质、胶质、蜡质和革质之分，同时还有软、硬、脆的差别。

③菌盖的结构。伞菌菌盖由表皮、菌肉和菌褶（或菌管）三部分组成。表皮很薄，常含有不同的非光合色素而使菌盖呈现出不同的色泽。表面有干燥的、有湿润的、有黏的；有的光滑、有的具各种附属物，如纤毛和不同的鳞片等。菌肉是表皮下的松软组织，一般由

菌丝组成，有的由菌丝和泡囊组成，如红菇科。菌肉的颜色、质地、厚度、味道、气味因种而异。有的菌肉在受伤时流出液体，如乳菇属；有的受伤后变色，呈现黄色、褐色、红色、蓝色和黑色等。

**（2）子实层**

子实层上面与菌肉相连，有的呈褶片状，称为菌褶；有的呈管状，称为菌管。菌褶呈放射状排列，向中央连接菌柄的顶部，向外到达菌盖边缘。子实层生长在菌褶的两侧和菌管的内表面。

菌褶在幼嫩时一般是白色，或其他颜色，老熟后担孢子多表现为各种颜色。菌褶在宽窄、厚薄、长短等方面也各有不同。有等长、不等长和分叉之分。菌褶与菌褶间，有的有横脉连接，有的在靠近菌柄的一端互相交织成网状等。菌褶的边缘通常完整平滑，但有的呈波浪状或锯齿状，也有的边缘粗糙有颗粒状物。菌褶或菌管与菌柄的连接有离生、弯生、直生和延生等方式。

菌管可长可短，其与菌柄连接的方式一般与菌褶与菌柄连接方式相似，也有离生、弯生、直生和延生等方式。有的菌管和菌肉容易剥离，菌管间也极容易相互分离，有的不容易相互分离。菌管的颜色多样，菌管中间与菌管口部的颜色相同或不相同。管口的形状有的为圆形，有的为多角形，还有的在大管中有若干个小管，称为复式管口。菌管大多不呈辐射状排列，少数为辐射状排列。

菌褶内部组织称为菌髓，它的组成同菌肉一样。根据菌丝排列方式的不同划分为 4 种类型：交错型、平行排列型、两侧型和逆两侧型。

菌褶的两侧和菌管内布满子实层。子实层有担子、囊状体等。担子通常棒状，常生 4 个小梗（2 个或 8 个），上面各生一个担孢子。当成熟时孢子强烈弹射。孢子单胞，形状有近球形、卵圆形、椭圆形、纺锤形、多角形、星状等。有一层膜或两层膜，膜表面光滑或粗糙，有小疣、小刺、网纹和棱纹等。囊状体生于菌褶两侧担子之间的称为褶侧囊体，生在菌褶边缘的称为褶缘囊体。它们通常无色，形状多样，如棒状、纺锤形、梭形、瓶形、梨形等。顶端尾状、圆头状、角状、有的顶端有结晶体等。

**（3）菌柄**

菌柄是支撑菌盖的结构。大多数伞菌有菌柄，少数没有。菌柄在菌盖上的生长位置有中生、偏生和侧生之分。质地有肉质、蜡质、纤维质和脆骨质等。菌柄和菌盖不易分离或极易分离。颜色多种，形状也各不相同，如粗筒状、棒状、纺锤状、圆柱状等。长短粗细相差悬殊。菌柄基部有的膨大呈球形，有的膨大呈杵形，有的延伸成假根状等。菌柄表面特征也有多种，有的有棱纹、沟纹或网纹；有的有陷窝或腺点；有的光滑而没有任何附属物；有的有多种多样的附属物，如鳞片、碎片、茸毛、颗粒、纤毛等。菌柄中央有实心、空心和填塞等类型。这些性状常随生长阶段的不同而有一定的变化。

**（4）菌托**

外菌幕的残留部分在菌柄基部形成的托状结构。其形状主要有苞状、杯状、环状和颗粒状等。

### (5) 菌环

在菌柄的一定部位由内菌幕的残留部分形成的环状结构。菌环有大有小，在菌柄上的着生部位有高有低。有的在子实体生长初期有，后期脱落；有的后期与菌柄分离，能上下移动。多数菌环为单层，少数双层。有的呈蛛网状，有的内菌幕的残片悬挂在菌盖边缘。

菌托和菌环的有无因种而异，有的全有、有的全无、有的具二者之一。

## (二) 多孔菌类子实体的形态特征

### (1) 菌盖

菌盖形状多样，如圆形、半圆形、扁平、脐突扁平、马蹄形、斗笠形、扇形、匙形、漏斗形等。单生，覆瓦状，簇生、丛生或左右相连。表面光滑或有各种毛，或有同心环带和放射状波纹，或有各种瘤状物。有的具有外皮层或皮壳。颜色有白色、灰色、黑色、红色、黄色、褐色、紫色等。有些种类伤后变色。菌盖边缘薄或厚，锐或圆钝，完整或有缺刻，平展、内卷或反卷。

### (2) 菌肉

菌肉有各种颜色，厚薄不同。多数种类菌肉同色，质地相同。有些种类的菌肉分为两层，上层松软，下层致密。有的种类菌肉与菌管层之间或菌肉与毛层之间有一条黑带。有的种类菌肉中有菌核。菌丝分为3种类型：

①生殖菌丝。一般为透明、薄壁的次生菌丝，有些种类壁加厚，多数具锁状联合，有分支和隔膜，它是担子果构成的基础。生殖菌丝还可以分化形成骨架菌丝、联络菌丝、囊状体、刚毛和担子等。

②骨架菌丝。正常情况下厚壁到实心，分支或否，无隔膜，宽度上常较一致。从无色到淡黄褐色、淡红色或其他颜色。它是构成子实体的骨架。

③缠绕菌丝。厚壁到实心，无隔膜，分支，在担子果中起缠绕作用。

### (3) 子实层

子实层通常呈圆筒状菌管，但有各种变化，如分裂成齿状、变成迷宫状或褶状、菌管圆形、略圆形、多角形、迷宫形、褶状或不规则形。一层或多层，少数多年生种类管层间有薄菌肉。菌管层与菌肉一般不易分离。

担子棍棒状，透明，通常产生4个担孢子。担孢子有圆柱形、腊肠形、椭圆形、近球形和球形等。多数担孢子光滑而壁薄，少数有小疣、小刺、短脊和纵条纹等。囊状体与担子大小相同或比担子稍大，棍棒状或其他形状，薄壁到厚壁，光滑或被结晶。刚毛（锈革孔菌科）多呈披针形，厚壁，褐色，一层至多层。

### (4) 菌柄

有侧生、偏中生和中生，单生和分支。多数与菌盖颜色和质地相同。有些种菌柄呈暗色至黑色。通常圆柱形，有的基部膨大或与菌盖接触处加宽。有的菌柄中空，有的双层，外部松软、内部致密。

## 二、生态习性

大型真菌是体内不含光合色素的异养生物，只能从环境中摄取营养才能生存，因此对环境有很强的依赖性。按营养方式可划分为寄生性真菌、腐生性真菌和共生性真菌。不同的大型真菌生长在不同的环境里，大型真菌繁殖生长环境大致可分为森林生境、空旷山地和草原生境。森林是自然界最大的生态系统，是大型真菌重要的繁殖场所。据统计，已知森林中的种类占总数的80%，而草原（包括田野）中的种类占20%。说明大型真菌的分布与受气温、降水量所控制的植被关系密切。了解和掌握各类真菌的生态习性，有利于在野外有效地选择种类、进行组织分离菌种或者保护物种。

大型真菌因种类不同其生态习性也不同。有单生、丛生、簇生、覆瓦状着生、成群生长等方式，还有的许多子实体在地面上形成一条带或形成圆环形的"蘑菇圈"，如蒙古口蘑 *Tricholoma mongolicum*、硬柄小皮伞 *Marasmius oreades* 和紫色秃马勃 *Calvatia lilacina* 等。

不同菌类的生长基质也不同，以基物和形成菌根为依据，大型真菌被分为5种生态类型。

①木生菌。此类以木材为基础，繁殖生长在立木、倒腐木及树桩上。其菌丝体分解利用纤维素、半纤维素和木质素的能力比较强，往往生长的木质部位呈现白色或褐色腐朽，这类大多属于非褶菌类，少数属伞菌类、极少数为胶质菌类和子囊菌类。代表性的属有韧革菌属 *Stereum*、栓菌属、层孔菌属 *Fomes*、灵芝属、云芝属和木耳属等。

②粪生菌。该类真菌适于在牲畜粪上或粪肥充足的沃土上生长，粪中含有大量纤维素及有机物供菌丝体分解吸收。多见于鬼伞科、粪锈科、球盖菇科和蘑菇科的部分种，如粪鬼伞 *Coprinus sterqulinus*、长根鬼伞 *C. macrorhizus*、粪锈伞 *Bolbitius vitellinus*、半球盖菇 *Stropharia semiglibata*、蘑菇 *Agaricus campestris* 等。

③土生菌。此类是指大量以土壤和地表腐殖质层为基物的种类，且不包括与树木形成外生菌根的种。主要是蜡伞科、粉褶菌科和部分蘑菇科的种，以及环柄菇属 *Lepiota*、羊肚菌属 *Morchella*、香蘑属 *Lepista* 等。

④虫生菌。此类是指繁殖生长在昆虫体上或与昆虫的活动有着密切联系的真菌。如虫草属和白蚁伞属 *Termitomyces* 等，冬虫夏草 *Cordyceps sinensis*、蛹虫草 *Cordyceps militaris* 和亚香棒虫草 *Cordyceps hawkesii* 是典型的虫生菌。

⑤外生菌根菌。该类为生于土壤与树木形成外生菌根，种类十分丰富。如牛肝菌属 *Boletus*、黏盖牛肝菌属 *Suillus*、疣柄牛肝菌属 *Leccinum*、乳菇属 *Lactarius*、红菇属 *Russula*、丝膜菌属 *Cortinarius*、口蘑属 *Tricholoma*、鹅膏属 *Amanita* 等。

## 第六节　大型真菌菌丝体的分子鉴定

大型真菌的菌种一般都是菌丝体，而传统的真菌种类鉴定主要是依据子实体等形态特征进行鉴定，而不能用菌丝体直接用于种类的鉴定。对于可用人工培养方法生产子实体的种类，可通过出菇试验对菌种进行种类鉴定，但这种鉴定方法耗时较长，往往需要1个月以上至1年的时间。对于不能用人工培养方法产生子实体的种类，则不能用这种常规方法进行菌种鉴定。采用分子鉴定技术可以对菌丝体进行种类鉴定。因此，可以用分子的方法对大型真菌进行鉴定。

利用分子生物学方法，获得特定区域的 DNA 片断并完成序列测定，通过 DNA 序列比较分析，借助 NCBI 等国际核酸数据库，可以准确鉴定大型真菌。分子鉴定方法具有快速、准确等优点，已成为大型真菌鉴定的重要手段。大型真菌鉴定常采用 rDNA 上的 ITS(internal transcribed spacer)序列作为分子鉴定的工具。ITS 序列长度一般在 650~750 bp，是中度保守序列，表现为种内相对一致，种间差异较明显，这些特征使 ITS 广泛应用于真菌物种的分子鉴定及遗传多样性研究。

# 第七节　大型真菌标本的保存

标本整理后按"学名、中文名、俗名、编号、产地、采集时间、鉴定人"顺序填写标签，与标本一起存放。大型真菌标本一般分为干制标本和浸制标本，干制标本只需要将采集来的真菌风干或放在光下晒干。标本干后放入纸盒内，并在纸盒内放些樟脑等防虫药品和干燥剂，盒表面贴上标签即可；浸制标本分为淡色标本和深色标本，每种标本保存所需要的溶液成分是不同的，而且在实际操作中还可以根据需要来决定是否保存标本的色素。

**(1) 干标本保存**

干标本是识别和研究大型真菌的主要方法。标本整理鉴定后，根据其大小、质地、数量进行日晒、风干或加热烘烤进行干燥处理。对于木质、木栓质、革质、半肉质和其他含水分少、不易腐烂的标本，可用干燥法制备干标本。烘烤可用明火或红外线烤箱，用明火烘烤要在火焰上方用铁片或瓦片隔住火焰，将标本放在铁丝架上烘烤。也可在日光下晒干，或摊于火炕上烘干。标本含水量降至 12%~14% 时可进行干燥保存，干标本可放在聚丙烯塑料袋中封口保存或标本盒中保存。标本盒或塑料袋标本应放在通气良好的特制标本柜或标本橱中存放，以防霉变。

另外，也可将新鲜标本冷冻干燥后浸于聚氨基甲酸乙酯的乙醇中进行处理，然后在 50~60 ℃烘箱中烘干制成干标本进行保存。此法制成的标本，外表形成一层透明的保护层，不易损伤其结构，适于长期保存。

干标本制作好以后，要及时收藏保存。可把标本连同调查记录表、编号一起放入纸盒或纸袋中，并在盒内或袋内放些樟脑球等防虫药品和干燥剂。在纸盒或纸袋外面贴上标签，注明菌名、产地、日期和采集人等。然后放入标本柜中保存。

**(2) 浸制标本保存**

浸制标本保存也是一种常用的方法。将已鉴别的标本适当处理后放在盛有保存液的标本瓶中，用蜡或火棉胶封口后，将标签贴在标本瓶上进行保存。常用的保存液有：

①淡色标本保存液(保存白、灰、淡黄、淡褐色标本)。在 1000 mL 70% 的乙醇中加入 6 mL 福尔马林(甲醛)即可；或福尔马林 10 mL，硫酸锌 25 g，加水至 1000 mL。

②深色标本保存液(保存红、黄、褐等深色标本)。A 液：2%~10% 的硫酸铜水溶液；B 液：无水亚硫酸钠 21 g，浓硫酸 1 mL，溶于 10 mL 水中，再加水至 1000 mL。用时先将标本放入 A 液中浸泡 24 h，取出再用清水浸洗 24 h 后，转入 B 液中，密封保存，并保存在暗处。

③保存真菌色素溶液配方(保存色素不溶于水中的标本)。A 液(硫酸锌福尔马林浸渍液):硫酸锌 25 g、福尔马林 10 mL、水 1000 mL;B 液(醋酸汞冰醋酸浸渍液):醋酸汞 10 g、冰醋酸 5 mL、水 1000 mL。

④不保存真菌色素溶液配方(保存色素溶于水的标本)。中性醋酸铅 10 g、冰醋酸 10 mL、醋酸汞 1 g、95%乙醇 1000 mL。

**(3) 切片保存**

用薄而快的刀片将新鲜标本的子实体纵切成 3 片,这样基本上可将子实体的形态、结构和附属物保存齐全。然后把切好的菌片放在标本夹内的吸水纸上吸干压平。在压制标本期间要经常换纸,直到菌片干燥为止。

# 第八章

# 森林昆虫实习的方法与技术

## 第一节 昆虫采集方法与工具

采集昆虫的方法和工具种类很多,本节仅介绍一些主要的种类。各类工具的构造多以图来表示,除去一些规格要求严格以外,一般的尺寸都只是参考尺码,制作时最好按不同昆虫类群的习性调整。

**(1)搜索法**

除去在外面活动的昆虫外,很多昆虫都躲在各种隐藏的地方,所以采集时要善于搜索。树皮下和朽木里面是极好的采集处,可用剥皮网接着,用刀剥开树皮或挖腐朽的木头,能采到各类甲虫。砖石、土块下面也是采集昆虫的宝库,可以到处翻动砖石和土块等,一定会有丰富的收获。采集原尾纲、弹尾纲和双尾纲等低等无翅昆虫,更多依靠这种采集法。微小的昆虫可用吸虫管吸取或用毛笔轻轻扫入瓶中。在采集时要观察其共生的昆虫,其他如蜂巢,以及鸟、兽巢穴中栖息的昆虫。

在秋末、早春以及冬季,用搜索法来采集越冬的昆虫更为有效,因为树皮、砖石、土块等下面都是常见的越冬场所,有时在山洞或树洞中可以发现大批聚集的各类昆虫。枯草和落叶中也藏有许多小虫,尤其是无人翻动的落叶层,可以带回用各种方法加以分离,便能得到许多平时不可多得的昆虫标本。

**(2)扫网法**

活泼的昆虫,飞行或停留时都宜用网来捕捉,所以采集昆虫必须要有一个轻便的捕网(图 8-1)。扫捕法不一定要看到捕捉的对象才捕。此法主要用在大片的草丛和茂密的小灌木中,

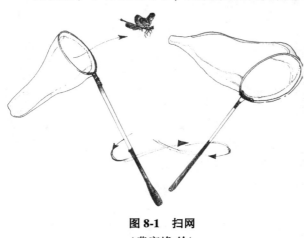

**图 8-1 扫网**
(费宇峰 绘)

当采集者认为这些植物上藏有昆虫时，用扫网在上面左右摆动扫捕，一面扫一面前进，许多小虫集中到网底。这种采集法非常有效，尤其是途中采集而时间仓促的时候，边扫边走，可以得到许多标本。扫网不但可用于低矮植物，也可接上长柄在高的树丛中扫捕，但网袋应加长。扫网捕到的昆虫不但种类多、数量大，一网可得数十、数百个小虫，并且时常扫捕到非常珍贵的稀有标本。扫捕时由于来回在植物上网扫，所以扫到的不仅仅是需要的昆虫，而且扫到很多植物的花、叶和种子等。一般的扫网扫几下后用左手握住网袋中部，右手放开网柄，空出手来打开网底的绳，将扫集物倒入毒瓶中，等虫被熏杀后再倒在白纸上（或白瓷盘中）来挑选。

### (3) 振落法

利用捕虫伞或者振布等接在树下面，然后摇动或敲打树枝树叶，则许多假死性的昆虫掉下，小的用吸虫管吸取，大的直接用手拿，或用镊子夹、用管来装。除鞘翅目外其他如脉翅目、半翅目等也可以用振落法采集（图8-2）。黄昏时许多金龟类飞集到树上危害，一摇动就掉下，可多至数十、数百头。大型的甲虫如锹甲等也可以用此法采集，山地的小榆树和栎树上面常有锹甲停集，猛然一摇则会掉在地上。另外，有些昆虫一经振动并不落地，但由于飞离而暴露了方向，可以用网捕捉，所以采集时振动敲打植物，可以发现许多昆虫。

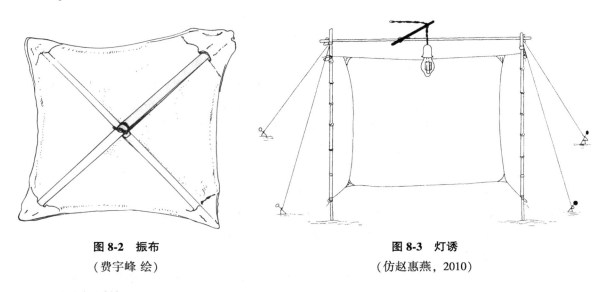

图 8-2　振布　　　　　　　　图 8-3　灯诱
（费宇峰 绘）　　　　　　　　（仿赵惠燕，2010）

### (4) 灯诱法

夜出性昆虫白天隐蔽，夜间出来活动，白天不易采集到。灯诱是根据昆虫行为中的趋光性原理诱捕昆虫的一种好方法（图8-3）。在夜晚选择一个合适的地点，安置好诱虫灯，夜出性昆虫就会从四面八方飞来，自投罗网，这样可以省时省力地采集到很多不同种类的昆虫。常用的诱虫灯可分为固定式和支柱式两种。

实习通常采用支柱式诱虫灯，可以根据需要随时拆装和变换诱集地点。这是一种幕布式诱虫方式，使昆虫落在幕布上，便于老师讲解和学生观察识别。采用一块长方形白色幕布(如长 3 m、宽 2.5 m),其大小没有严格限制,准备几根木棍或竹竿和绳子,以备挂幕布使用,也可以根据当地情况将幕布挂在建筑物或树上,根据电源远近准备好足够的电线和灯具,灯具可用 150~200 W 的高压汞灯,如没有高压汞灯也可用普通灯泡或汽灯。幕布挂好后将灯吊在幕布居中偏上的位置,灯泡应距离幕布 40 cm 左右,不能过于靠近幕布,以免将幕布烤坏。天黑开灯,昆虫落在幕布上,即可识别、采集。

**(5) 马氏网诱集**

马氏网是一种架设于野外的、类似帐幕的采集工具,适用于采集生活在潮湿的灌草丛和郁闭度高的乔木林中的昆虫。马氏网由垂直网面和顶部网面组成,顶部成屋脊状,一端高,另一端低,其底部、垂直面为黑色网,上部为白色网(图 8-4)。当昆虫从地面下爬出,或地面飞行时受垂直面网拦劫住。利用昆虫有向上爬行或向光的趋性,在略高的顶部装置收集瓶,被拦截的昆虫向上爬去,最后掉入盛有不同浓度乙醇的收集瓶中(75%/每 1 周收集 1 次,85%/每 2 周,100%/每月)。

图 8-4  马氏网
(费宇峰 绘)

**(6) 黄盘诱集**

黄盘诱集法是根据昆虫具有趋向色的习性而设计的诱集方法。使用黄色的圆盘,多为塑料材质制成,在野外可以进行较长时间的诱集。黄盘诱集法首先要进行生境观察,选取适宜的生境区域放置黄盘,诱集昆虫时,一般选择在森林小道两侧或不同小生境的交界处,每个小生境可放置 8~12 个黄盘,黄盘内倒入清水,再滴几滴洗涤剂。黄盘放置时间一般为 8:00,收集时间一般为 17:00~18:00。收集时,可用小滤网过滤诱集液,将诱集到的昆虫保存于装有无水乙醇的采集瓶中,以备后期显微镜下挑虫,同时及时将对应的采集标签置于其中。黄盘诱集法适用于活动范围距地面较低的昆虫类群,尤其在膜翅目昆虫采集中应用较多。

**(7) 巴氏罐诱法**

巴氏罐诱法主要用于引诱地表活动的大型节肢动物,在地表甲虫的多样性调查中应用较多(图 8-5)。经典的巴氏诱剂,采用酒精、醋、糖按照 1:1:1 混合后加 20 份水配制。为了诱剂的气味能够散发出去,建议将诱罐埋在较为开阔的地带甚至裸地。通常采用塑料杯,杯口朝上埋在土中,杯子口与地面平齐,倒入诱剂,这样一个诱罐就算埋好。一个小生境建议埋多个诱罐。罐诱法往往收获丰厚,当然埋罐捕捉到的昆虫并不是一定对诱剂有趋性,也可能是行走时一不小心掉进去的,所以常常还可能有意外惊喜。巴氏罐诱的诱剂配方中,酒精、醋和糖的比例没有特别规定,可自己调配。根据目标昆虫类群的不同,可选择不同诱剂,如花金龟类可采用发酵的水果(或捣烂的香蕉)并加入少量啤酒,步甲类可采用猪肉、鱼虾或死虫并加入少量白酒，浸泡两天后使用。根据天气情况和目标昆虫的习性，可灵活安排埋罐和收罐的时间，可当天埋、当天收，也可第二天收或两三天后收。

**图8-5　罐诱**

（仿赵惠燕，2010）

**（8）其他常用工具**

①毒瓶。采集到的昆虫除要继续饲养的以外，在作标本之前一般要先杀死，虫死的越快则标本越完整，否则在瓶中乱跳乱撞极易损坏。毒瓶是采集时杀死昆虫的工具，现在通常采用乙酸乙酯自制毒瓶（图8-6）。先选择合适的塑料广口瓶一个，放一些棉花，裁一张滤纸完全遮盖棉花，滴1 mL左右乙酸乙酯，盖上盖子备用。乙酸乙酯挥发性强，注意使用时不能长时间对着毒瓶呼吸。也可用口径粗些的指形管（如直径约30 mm的离心管）自制毒管，方法相同。

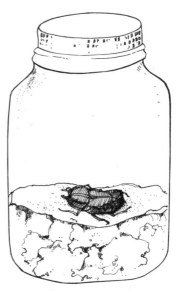

②指形管和小收集瓶。指形管或塑料离心管，用于装活虫或酒精浸泡的昆虫。采集时要多带一些大小不同的管。一般适用的是直径20 mm、高80 mm的平底直筒管。根据所采昆虫的大小，可选用更小或更大的离心管或收集瓶。一部分指形管空着，一部分管装以75%的酒精或其他保存液。

**图8-6　毒瓶**

（费宇峰　绘）

③镊子。镊子是采集必备工具。凡是不能直接用手拿的小虫或毒虫都可用镊子夹取。镊子在采集时易丢失，最好用细绳连在采集袋上，或在镊子上扎一条鲜明颜色的线，若掉在草丛中容易发现。

④手持放大镜。微小的昆虫在采集时可用放大镜来帮助检查，一般能放大12倍就可以。

# 第二节　昆虫标本临时保存和处理

## 一、干制标本暂时保存

采集到的标本应暂时保存，带回室内整理制作。常用于暂时保存的材料有纸三角袋和棉花包。

**(1) 纸三角袋**

通常采用长方形的硫酸纸折成三角袋，可以包装各种昆虫，尤其是蝴蝶、蛾类和蜻蜓（图 8-7）。一袋可装 1 或多头昆虫，但不能挤压和损坏标本。标本装好后，在口盖上注明采集的时间、地点、采集人。包装虫体较厚的甲虫和蝗虫时，可把两个底角夹紧，使三角袋鼓起或将纸卷成筒状，两头夹紧来保存。注意其触角、足等附肢应理顺贴于体躯，以免损坏。

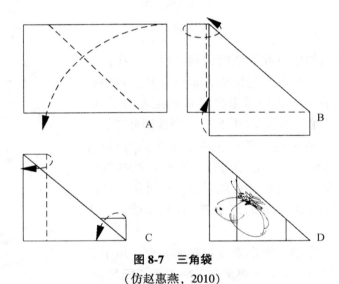

**图 8-7　三角袋**
（仿赵惠燕，2010）

**(2) 棉花包**

用长方形的脱脂棉块外面包一层有光纸和一层牛皮纸做成。将标本整齐放在棉花上，用一纸签注明采集的时间、地点等放在包中。如果是不同地点、时间和植物上采集的标本，应用带颜色的线将它们隔开。

## 二、浸液标本的处理

当昆虫种类体壁较薄且柔软多汁或体型极小预备制成玻片前，适合存放为浸液标本，如蚜虫、昆虫幼虫等，浸液标本大多浸泡于 75%~85% 酒精中保存，以免虫体萎缩；如要进行分子生物分析，最好置于 100% 的酒精中。注意酒精最好加满，尽量不留空隙，以免挥发太快而导致毁损。另外，放置的标本不能随意晃动，防止因碰撞而伤及标本。如果可能，最好以双重酒精保存法，即昆虫置于小型保存瓶中，以棉花塞住再放入充满酒精的大型保存瓶中，可以避免昆虫标本因酒精快速挥发而干裂。新采标本浸泡后应及时更换酒精，开始几次要换得勤些，因为新鲜标本浸出的体液很容易引起标本腐烂。以后每1~2周更换一次酒精，以免酒精因挥发而浓度过低不具保存作用，而使标本发霉毁坏，有时可滴少量甘油以避免酒精挥发而造成的标本损坏。

## 第三节　昆虫标本的制作

### 一、针插标本的制作

针插标本用于制作和保存各种昆虫的成虫。采集到的标本在未僵硬以前，可直接用于制作针插标本（图8-8）；如已僵硬，则需回软后再行制作。用毒瓶杀死后的绝大多数昆虫，针插、整姿，充分干燥，不需任何药品处理而能长期保存。这是最普通的一种标本制作法。

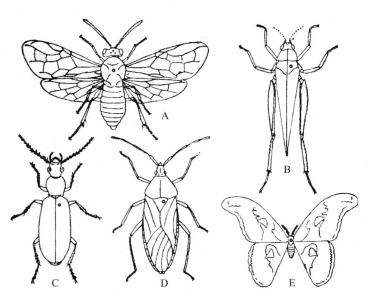

A. 膜翅目；B. 直翅目；C. 鞘翅目；D. 半翅目；E. 鳞翅目。

**图 8-8　昆虫标本插针的位置**

（仿赵惠燕，2010）

**（1）昆虫针**

昆虫针是用于固定虫体的不锈钢针。长约38 mm，顶端有膨大的头，也可用普通钢丝经涂漆或镀镉制成。按粗细不同可分十几个号，但常用的是0~5号针，号越大的越粗，要根据虫体大小合理选用。还有一种无头很细短的"微针"，长约10 mm，是专门用来制作微小昆虫标本的，也叫二重针。

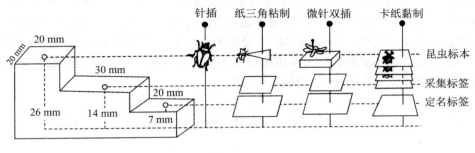

**图 8-9　三级台**
（仿刘志琦）

**(2) 三级台**

三级台是分为3级的小木块，每级中央有1小孔（图8-9）。标本针插完成后，将虫针插入孔内，使虫体和标签整齐、美观。第一级高26 mm，用来定标本的高度。双插法和粘制小昆虫标本时，纸三角、软木片和卡纸等都用这级的高度。制作标本时，先把针插在标本的正确位置，然后放在台上，沿孔插到底。要求针与虫体垂直，姿势端正。第二级高14 mm，是插采集标签的高度。虫体下方插入有该虫采集地点、日期、寄主、采集人的标签。第三级高7 mm，为定名标签的高度。一些虫体较厚的标本，在第一级插好后，应倒转针头，在此级插下，使虫体上面露出7 mm，以保持标本整齐便于提取。针一般都插在中胸背板的中央偏右，以保持标本稳定，又不致破坏中央的特征。鞘翅目（甲虫）插在右鞘翅基部约1/4处，不能插在小盾片上，腹面位于中后足之间；半翅目（蝽类）的小盾片很大，插在小盾片上偏右的位置；双翅目（蝇类）体多毛，常用毛来分类，插在中胸偏右；直翅目（蝗虫）前胸背板向后延伸盖在中胸背板上，针应插在中胸背面的右侧。鳞翅目、膜翅目需要展翅，插在中胸背板中央。

**(3) 展翅板**

展翅板是厚约3 cm的长方形木框，尺寸一般为10 cm×30 cm，上面盖以软木板或厚纸板（图8-10）。用厚度相当的泡沫塑料板代替也很好用。三级台上插好的昆虫标本都可插在展翅板上整理。使虫体与板接触，用针把触角拨向前外方（触角很长的天牛和螽斯等应将触角顺虫体向后置于体背两侧），前足向前，中、后足向后，使其姿势自然、美观。若姿势不好固定，可用针或纸条临时别住，切勿直接把针插在这些附肢上。供展览、绘图和拍照等用的标本，宜将附肢伸开摆好。专供研究用的标本，把附肢收回贴于体旁更好，便于携带、保存、节省空间且不易碰坏。经整姿后的标本要附上临时标签，待标本充分干燥后才能取下保存。翅展的位置要求：鳞翅目昆虫一般要求前翅后缘与虫体纵轴呈直角，后翅自然压于前翅下。双翅目翅的顶角与头顶相齐。膜翅目昆虫前后翅并接线与体躯垂直。脉翅目昆虫通常以后翅前缘与虫体垂直，然后使前翅后缘靠近后翅，但有些翅特别宽或狭窄的种类则以调配适度为止。蝗虫、螳螂在分类中需用后翅的特征，制作标本时要把右侧的前后翅展开，使后翅前缘与虫体垂直，前翅后缘接近后翅。

经过展翅和整姿的标本，放在风干柜内风干，然后放入标本柜内保存。如标本数量很大，不能及时展翅整姿的，也应在标本充分干燥后，置三角纸袋内长期保存，要注意防潮防虫蛀（盛放标本的标本盒内要放置樟脑精块等防虫灭菌）。

**（4）粘虫胶**

粘虫的胶通常采用木工胶，即白乳胶，水溶性，必要时可以还软取下。将小型昆虫用胶水粘在已用昆虫针插好的卡纸或纸飞角上。体上有鳞片的小蛾子和一些多毛的蝇类，不易粘住，宜用微针插在软木条或卡纸上。所有针插的干制标本都要附采集标签，否则会失去科学价值。采集标签应写明采集的时间、地点和采集人等。

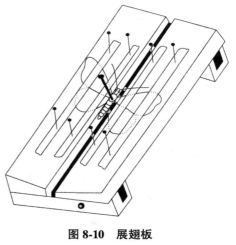

图 8-10　展翅板

（仿赵惠燕，2010）

**（5）回软缸**

是用来使已经干硬的标本重新恢复柔软，以便整理制作的用具。凡是有盖的玻璃容器（如干燥器等）都可用作回软缸。在缸底放些湿沙子，倒入4%石炭酸几滴以防发霉。标本用培养皿等装上，放入缸中，勿使标本与湿沙接触。密闭缸口，借潮气使标本回软。回软所需时间因温度和虫体大小而定。回软好的标本可以随意整理制作，注意不能回软过度，引起标本变质。

## 二、玻片标本的制作

当昆虫太小或观察其细部结构（如翅或生殖器）时，即要制成玻片标本，如跳蚤、蚜虫或蜂等。一般玻片标本的制作除了先准备材料以外，还要经过固定、透化、脱水、染色、封片和烘干等步骤；若虫体较大或要观察某一部位则还要经过解剖过程，而染色是为了便于观察透化的组织，如果虫体较为骨化强烈则不一定需要染色。整个玻片制作过程在体式镜下进行，步骤如下：

①将小型昆虫个体或组织从85%酒精中取出后放在100%的酒精中，完成解剖。

②滴一小滴混合胶于载玻片上，用细棒将其展开，将解剖下的外生殖器、头、翅、足4个部分分别放在一小滴胶中，调整其位置，将生殖器腹面和头的正面朝上，并将下颚须展开，放置20 min。

③将放有组织的载玻片再滴适量的树胶，并分别盖上盖玻片进行封片。

④水平放置一段时间后，检查玻片是否出现缺胶情况，若有需要，适当进行补胶，室温静置1 d，使用烘箱在60 ℃烘干或自然条件下风干，置玻片盒保存（图8-11）。

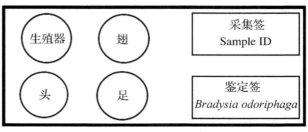

图 8-11　玻片标本示意

## 第四节　昆虫标本的永久保存

昆虫针插标本在保存时，最容易遭遇虫害和发霉问题，因此最好能事先防范，以免辛苦采集和制作好的标本毁于一旦。由于标本是有机物质，是标本害虫如啮虫、烟甲虫，甚至蟑螂和蚂蚁等的最爱，若标本存放于开放空间时，可能整头标本被害虫蛀食，或因虫蛀而产生碎屑，因此，要将标本置于密闭的标本箱中。另外，若保存标本的地方是在常温中，相对湿度一般在70%~80%，亦非常适于微菌生长，若没有低温和除湿处理，则黑色甲虫上面覆盖一层淡色微菌则将是常见的事。要解决虫害和发霉问题，最好能将标本放置于保持稳定的低温低湿环境中，即相对湿度50%±5%、温度20 ℃±2 ℃，最重要的是能维持其稳定值，对标本的保存较佳。

一般为了防止虫蛀，一般会在放置标本的容器内放置樟脑丸或樟脑粉来防止害虫入侵。目前很多机构都采用超低温冷冻方法，即将标本以真空袋或双层塑料袋密封，去除塑料袋内的空气后，直接置入-40 ℃以下的冷冻库内数天来将潜在害虫杀死，待回温至常温后，再搬至标本库保存。若标本已发霉，则最好以毛笔蘸酒精将微菌擦拭；但如果发霉现象过于严重，则将整只虫泡进酒精，将霉菌杀死。但要注意，虫体颜色会褪色者或如蝶蛾等鳞翅目昆虫不适合以此方式处置。标本的保存，还需注意存放处的光源，若标本长期置放于光线曝照的环境，如太阳光或日光灯下，容易使标本褪色而不美观。因制作好的标本相当脆弱，所以标本的移动、拿取和邮寄都可能带来机械性伤害，使标本毁损。而当储存标本数量多时，还需注意地板承载量、水灾、火灾、地震和意外灾害等对标本所带来的损害。

总而言之，昆虫标本从采集、制作到后续的保存，相当费时、费力且麻烦，所以如果只是为了一时好玩而保藏昆虫标本，而无能力给予上述的保藏环境，基于对生命的尊重，请大家不要随意采集和制作昆虫标本。如捡到死亡的昆虫标本，则可将送往博物馆或生物相关科系学校如昆虫系或生物系等，因其有良好的保藏环境将标本永久保藏，并可使标本供人研究或进行展示和科学教育等活动，让标本更有价值、更有意义。

## 第五节　昆虫鉴定的基本方法

昆虫种类鉴定是昆虫研究和生产实践的基础，只有正确认识昆虫种类，才有可能进一步地掌握其发生规律，开展防治和测报等工作。

### 一、鉴定前的准备

昆虫种类鉴定之前，除了数量足够和质量合格的昆虫标本外，需要了解与掌握确定昆虫分类地位和鉴定昆虫种类的各类参考文献。

（1）标本的收集

昆虫分类的第一步工作是收集标本，标本的数量和质量直接影响种类的鉴定与分类工作的开展。

**(2) 参考文献的获取**

主要有专著(包括各种教科书、图册、图鉴、各类昆虫志和地方昆虫志等)、期刊和内部资料等。对于初学者而言，最实用的物种鉴定参考文献是各类图鉴。

## 二、昆虫形态鉴定步骤

**(1) 确定目和科**

对于学过昆虫分类的人而言，熟知的大目与大科自无问题，只凭直观即可确定；但一些不常见的、生僻的目、科是不能立即做出判断的，需要查阅资料。对于初学者而言，利用国内外的普通昆虫学和昆虫分类学的教科书即可帮助鉴定目、科。各国近年来出版的昆虫学丛书(图册、图鉴等)中，也常常列出各个目、科，且图文并茂，对照参考也很实用，特别是日本出版的一些图鉴，可供参考。

**(2) 确定属和种**

当标本确定所属目、科以后，就可以进一步查找针对性的专著，如最近出版的国内外的该目、科的分类图书，这类专著往往总结了国内或世界性的全部已有研究成果，并代表最新研究水平，一般是包括该类群种类及附有该类群的全部分类文献资料。我国的这类专著已有的如《中国经济昆虫志》《中国动物志》、地方昆虫志及经济昆虫志、昆虫鉴定手册等。当某类群没有世界性的专著只有区域性的时，则以古北区及东洋区的专著对我国动物区系具有重要的参考价值。澳洲区和非洲区的著作在鉴定上的应用价值小些，北美与南美则更小。对我国的具体地区来说，应选用区系最为相近的著作。这些著作，可以通过一些大型的昆虫分类教科书中所附文献目录，找到其中主要文献。依据这类文献，可将标本按文献中科、属的检索表查对，再和相应种的文字描述逐条核对形态性状、寄主、生物及地理分布；如有插图，再将标本与其对比。这样的方法，必然可以鉴定出一部分种类。但即使我国的动物志、经济昆虫志，所包括的种类也往往不全，不少种类还是鉴定不出。此时，就要查对近代或当代昆虫分类名录、文献目录、原始文献等来确定。当从文献中得不到满意的结果时，可持标本到专门从事某一类群的专家的标本室，与已经鉴定的标本进行对比或核对模式标本，请专家帮助做出判断和鉴定或将标本直接寄给专家，请专家帮助鉴定。经过认真的鉴定后，应该马上定名写标签，并注明鉴定人的姓名和鉴定时间，以示负责，便于日后考查。对目前还不能确定的种类或初步鉴定的种类，可以作为种名未定处理，在种名后打上一个疑问号，以表示还存在问题。正式的鉴定宜慎重。标本交流、请有关人员帮助鉴定或采集过程中，常常需要通过邮政寄递。寄递昆虫标本，首要的是要保证寄递过程中标本的完整，将采集到的各种成虫标本放入三角纸袋内，注明采集日期、寄主、采集人，经充分干燥后，置大小适当的木盒中，四周加泡沫塑料衬垫，不使标本移动，才能寄递。各种液浸标本，指形管内要加入棉花将虫体固定，各个指形管之间以及指管和盒壁之间，也要用泡沫塑料塞紧固定，方可投邮。针插标本，可插于盒内已固定好的软木板上(或用蜡将软木塞固定于盒底，再插标本)，按玻璃制品寄递；各种活虫标本，要经检疫机关特许，按检疫机关指定的方式包装完好，才能寄递。

### 三、昆虫分子鉴定的基本方法

对于幼体阶段的昆虫个体或形态相似的昆虫种类，如果无法从形态特征区分，可以采用分子鉴定的方法。采用75%~100%酒精浸泡的样本，采用DNA试剂盒H或酚氯仿法提取总DNA，扩增线粒体基因组COI片段，测序并质控后，在NCBI数据库或BOLD数据库（http://www.boldsystems.org/）进行比对。运用MEGA7.0软件、基于Kimura-2-parameter参数模型，采用邻接法（Neighbour-Jioning, NJ）构建系统发育树，根据序列相似度和系统发育关系完成物种分子鉴定。

## 第六节　昆虫采集注意事项

采集昆虫是研究昆虫最基础的工作，是初学昆虫者必须掌握的专门技术，又是昆虫学最易引发浓厚兴趣的一个阶段，同时也是理论和实际结合的实践过程。作为一个昆虫采集者来说，除了后面所介绍的一些具体问题之外，下面几点值得随时注意。

**(1) 全面采集**

初学采集的人往往只采大虫不采小虫，专采美丽的不采难看的，只采特别的不采普通的，一种昆虫采集到一个不采第二个，有了雄的不要雌的，有了成虫不管幼虫，只看到飞的而找不到隐蔽的，等等，这种情况是很自然的。但是绝大部分昆虫个体是微小的，是隐蔽不引人注意的，而不少重要的害虫或珍贵的种类，往往是在这类昆虫中。同种的雌雄、成虫和幼虫等都是研究时的重要标本，或供解剖、交换等用。表面看来相同而实际也许是另外一种昆虫的情况也很多，所以全面采集必须加以足够的注意。此外，全面采集也意味着经常的和有计划的采集，这也是很重要的。

**(2) 标本完整**

无论采集什么昆虫，不管用什么方法，使用什么工具，都要尽量使采集到的昆虫保持完整。如果标本破烂不堪或残缺，对研究来说非常不便于工作，大大降低了标本的价值，甚至成为完全无用的材料。想得到完整的标本必须注意采集、毒杀、包装、保存、运送以至制作等每一个环节，标本应尽量保持完整，但也不是绝对说有一点残缺的就不要了，尤其是稀少的种类或只有一两头标本，即使再破烂也要保留，在没有确定它没有用以前，决不要随便舍弃，特别是整理别人的采集品时，更应考虑这点。

**(3) 正确记录**

所有标本不论是成虫或幼虫、干放的或液浸的、纸包的或针插的，均需要正确地记录。记录内容至少要包括3项：采集日期（年、月、日）、采集地点（省、县、乡镇、村等小地名）和采集人。采集日期中的"月"建议用罗马数字来表示，例如，2021年6月10日可写作"2021-VI-10"。采集地点一定要首先写上省市地名，写上采集人的姓名是表示对这些标本负责。除以上记录外还应该注意对采集时的环境特征（包括寄主植物或动物、采集地的海拔、采集方法、昆虫生活习性等）进行记录。

**（4）爱护大自然**

在野外进行采集活动时要爱护大自然，尽量减少对生态环境的破坏，如尽可能只采集昆虫或被昆虫危害部位，减少对寄主植物的破坏。另外，在森林等区域不能进行野炊等活动，避免引起火灾。

采集昆虫标本时除去我们所需要的以外，不要无原则地滥杀乱采。因为有些昆虫分布地区很小，数量也极少，如滥加捕杀，则以后不易采到，甚至可能由此而绝种。特别是某一地区的特产或我国的特有种类，更应注意保护。同时对于其他昆虫，除非是对于我们生产上和卫生上有害的以外，不应赶尽杀绝。至于大量收购较稀有的昆虫来供应社会上的各种需要，就应全面地慎重考虑。

尽管前面已经部分涉及，但编者认为以下几项较为重要，特别是初学者容易忽视，故此，最后还要加以强调：每个物种要有一定数量的标本；在收集成体标本的同时，应尽量注意幼体的收集；要有各项野外记录，包括采集地点、海拔、生境、寄主或栖息植物以及其他观察到的情况；对体色易变的种类，则需及时记下采集时体躯颜色及斑纹色彩；要严格保证标本质量；在采集到昆虫时，毒瓶中标本不宜积累过多，应该及时倒出以免互相碰坏，或过于潮湿使虫体沾湿而变形变色，或使脆弱标本破损；制作后也要避免肢体脱落、严重变色、缺损、腐败、虫蛀、或重要部位被遮掩。

# 第九章

# 主要林木病害识别

## 第一节 种子和苗木病害

**(1) 种实霉烂**

危害：种实霉烂是一类很普通的病害，种实收获前、贮藏期及播种后均有可能发病。

症状：被害种实生长有各种颜色的霉层和丝状物，一般具有霉味。

病原：引起种实霉烂的病原多为卵菌门、接合菌门及半知菌门菌物，少数为细菌。主要种类有青霉菌类 *Penicillium* spp.、曲霉菌类 *Aspergillus* spp.、交链孢霉菌类 *Alternaria* spp.、匍枝根霉 *Rhizopus stolonifer*、镰孢霉类 *Fusarium* spp.、细菌等。

发病规律：湿度往往成为种实发生霉烂的主要环境因子。

**(2) 苗木猝倒病**

危害：苗木猝倒病是一种世界性病害，危害杉、松、落叶松等针叶树和泡桐、银杏等阔叶树幼苗。

症状：分为种芽腐烂型(出现缺苗、断垄等)、茎叶腐烂型(首腐、顶腐等)、幼苗猝倒型(褐色斑点)、苗木立枯型(根部皮层变色腐烂、枯死不倒伏)4 种类型。

病原：引起种实霉烂的病原多为卵菌门、接合菌门及半知菌门菌物。主要种类有丝核菌 *Rhizoctonia*、腐霉菌 *Pythium*、链格孢 *Alternaria* spp.、镰孢霉类 *Fusarium* spp. 等。

发病规律：病原物都是土壤习居菌，以厚垣孢子、菌核和卵孢子越冬。土壤带菌是主要来源。

**(3) 松苗叶枯病**

危害：松苗叶枯病是松苗上发生较普遍的病害，主要危害马尾松、黑松、油松、黄山松等。

症状：病原物首先侵染幼苗下部针叶，逐渐向上扩展，出现分段的褪色黄斑，以后逐渐变成灰褐色至灰黑色，病死叶干枯下垂，但不脱落。

病原：赤松尾孢菌 *Cercospora pini-densiflorae*。

发病规律：病菌以菌丝体或子座在感病针叶内越冬，产生分生孢子，随风传播，连作苗圃发病严重，高温高湿利于病原菌侵染。

**(4) 苗木茎腐病**

危害：茎腐病是亚热带地区的病害，危害银杏、香榧、杜仲、松树等。

症状：苗木初发病时，茎基部出现水渍状黑色病斑，随后包围茎基部并迅速向上扩展，叶片失绿并枯死。后期在皮层能有小菌核产生。

病原：球壳孢目 Sphacropsidales 真菌，主要包括茎点霉属 *Phoma*、叶点霉属 *Phyllosticta*、壳二孢属 *Ascochyta*、拟茎点霉属 *Phomopsis* 等真菌。

发病规律：病原物是土壤习居菌，以菌丝体和菌核在土壤中生活和生存，在适宜的条件下自伤口侵入寄主。病害一般在梅雨季结束后 10~15 d 开始发生，受环境条件影响很大。

**(5) 苗木白绢病**

危害：菌核性根腐病，主要发生在亚热带和热带地区，寄主较多，如油茶、楠木、青桐、樟、马尾松、柑橘、香榧、杉木等。

症状：病害主要发生在苗木近地表的根颈部或基部，初期病部皮层变褐，潮湿条件下产生白色绢丝状菌丝体，后产生菜籽状菌核，引起根腐、植株凋亡等症状。

病原：齐整小核菌 *Sclerotium rolfsii*。

发病规律：病原物以菌丝或菌核在病株残体、杂草或土壤中越冬，病菌偏喜高温，6~9 月上旬发生，7~8 月是病害盛发期，酸性土壤发病严重。

**(6) 苗木灰霉病**

危害：主要危害苗圃幼苗及留床苗，严重时引起嫩茎、嫩枝及叶片坏死，危害多种植物。

症状：植物的花、果、叶、茎均可感病，初期病部组织呈浅褐色水渍状病斑，在潮湿条件下可形成灰黑色毛状物，即病菌的分生孢子梗。

病原：灰葡萄孢菌 *Botrytis cinerea*。

发病规律：病原物以菌核在病株残体、土壤中越冬，苗木密集、通风条件差、生长过旺、光照不足，病害发生严重。

## 第二节　针叶树主要病害

**(1) 松材线虫病**

危害：马尾松、黑松、黄山松等，世界性分布，为重要的限制性检疫病害。

症状：分成 4 个阶段，外观正常，松脂分泌减少或停止，蒸腾作用下降→针叶开始变色，松脂分泌停止，通常能观察到松墨天牛危害和产卵的痕迹→大部分针叶变为黄褐色、萎蔫，可见到天牛蛀屑→针叶全部变为黄褐或红褐色，向下垂挂，病株整株干枯死亡，枯死松材木质部常可见蓝变现象。

病原：松材线虫 *Bursaphelenchus xylophilus*。

发病规律：依靠松墨天牛传播，在我国春季，线虫由羽化后的松墨天牛携带 4 龄扩散型松材线虫传播到健康松材上，通过松墨天牛补充营养造成的伤口侵入松树，7~8月，死树达到高峰。枯死的松树是主要侵染源。

**(2) 松落针病**

危害：松落针病是松树的常见病害之一，主要感染马尾松、油松等。

症状：主要危害2年生针叶，最初出现很小的黄色斑点或段斑，后期造成松针脱落，翌年在脱落的松针上可见到黑色的小点，为病原物的分生孢子器。

病原：散斑壳菌 *Lophodermium* spp.。

发病规律：病原物以菌丝体或子囊盘在病落叶或未脱落的病针叶越冬，翌年3~4月形成子囊盘，4~5月子囊孢子成熟并传播，气孔侵入，潜育期1~2个月。

**(3) 松赤枯病**

危害：松树幼龄林常见病害，危害各类松树。

症状：主要危害新叶，初期为黄色段斑，渐变褐，稍缢缩，后期灰白色或暗灰色。病健交界处有暗红色的环圈，潮湿时可长出分生孢子角，引起叶尖枯死等。

病原：枯斑盘多毛孢菌 *Pestalotiopsis funerea*。

发病规律：病原物以菌丝体或分生孢子在病落叶越冬，随风雨溅散传播，由自然孔口或伤口侵入，高温多雨有利于病害的扩展蔓延；土壤贫瘠林发病严重，阳坡重于阴坡。

**(4) 杉木细菌性叶枯病**

危害：广泛分布，危害严重。

症状：最初出现针头大小褐色斑点，周围有淡黄色水渍状晕圈，以后病斑扩大成不规则形，暗褐色，周围有半透明环带，病斑以上部位枯死。

病原：杉木假单孢杆菌 *Pseudomonas syringae* pv. *cunninghamiae*。

发病规律：病菌在活针叶、枝梢上越冬，随雨滴的溅散传播，由自然空口和伤口侵入，发病与降水量关系密切。

**(5) 松针锈病**

危害：在我国各地均有发生，影响松针光合效率，严重时可造成大量松针脱落，影响松树生长。

症状：感病针叶最初产生褪绿色的黄色小段斑，其上生蜜黄色小点，后变成黄色至黑褐色小点，即性孢子器。

病原：风毛菊鞘锈菌 *Coleosporium saussureae*。

发病规律：8月下旬转主寄主冬孢子萌发，侵染松针，直接侵入，以初生菌丝越冬，翌年4月菌丝开始活动，形成性孢子器，5月形成锈孢子器，锈孢子传播转主寄主风毛菊。

**(6) 云杉球果锈病**

危害：分布于内蒙古、吉林、黑龙江、四川、云南等地，为害粗枝云杉、紫果云杉等，导致球果提早枯裂，降低种子产量和质量。

症状：主要发生在球果内，在鳞片上的白色疱状球形颗粒为性孢子器，性孢子器的同一位置产生深色的锈孢子器，转主寄主为稠李等樱属植物，形成夏孢子堆及冬孢子。

病原：杉李盖痂锈菌 *Thekopsora areolata*。

发病规律：转主寄生。

**(7) 杉木炭疽病**

危害：广泛分布，又称颈枯病，可导致杉木幼苗的针叶或嫩梢变褐枯萎，严重时造成幼林成片枯黄、枯死。

症状：可侵染幼茎和针叶，初期出现不规则暗褐色斑点，病斑不断扩展，使叶尖变褐枯死或全叶枯死，幼茎枯死。

病原：胶胞炭疽菌 *Collectotrichum gloeosporioides*，有性世代为围小丛壳菌 *Glomerella cingulata*。

发病规律：以菌丝体在病组织内越冬，分生孢子随风雨溅散传播，6月中旬为发病高峰期，具有潜伏侵染现象。

**(8) 松枯梢病**

危害：广泛分布，严重时引起松树大面积枯死，造成较大经济损失。

症状：可侵染芽、嫩梢、针叶、枝干、根冠和球果等，新发嫩梢萎蔫弯曲，针叶褪色变黄，后变枯梢，侵入枝干导致溃疡，病部开裂、凹陷、溢脂，木质部紫褐色。

病原：松杉球壳孢 *Sphaeropsis sapinea*。

发病规律：以菌丝体和分生孢子器在病组织内越冬，分生孢子随风雨溅散传播，主要从伤口侵入，也可从针叶气孔侵入，6月下旬为发病高峰期。

**(9) 松疱锈病**

危害：世界性分布，以五针松受害最为普遍和严重，造成树势减弱，严重时造成松树死亡。

症状：病树枝干病皮部略肿胀变软，出现淡橙黄色病斑，边缘色浅且不易发现，病斑逐渐扩展并生裂缝，溢出初为白色、后变橘黄色泡囊状的锈子器，破裂后散出黄色粉状锈孢子堆。转主寄主茶藨子或马先蒿。

病原：茶藨生柱锈菌 *Cronartium ribicola*。

发病规律：3~6月为锈孢子释放期；5~8月为夏孢子散放期；8月底出现冬孢子。

**(10) 松瘤锈病**

危害：世界性分布，造成树势减弱，严重时造成松树死亡。

症状：在主干、侧枝和裸根上形成根瘤，转主寄主为栎属或栗属植物，在叶片上形成褪绿斑。

病原：栎柱锈菌 *Cronartium quercuum*。

发病规律：冬孢子成熟后，直接萌发产生担子和担孢子，借风传播到松树，由气孔侵入松针和枝皮，锈孢子侵染栎树叶，气孔侵入。在松树上以菌丝体越冬。

**(11) 柳杉瘿瘤病**

危害：仅分布于天目山山脉区域，危害严重，已导致多株柳杉古树死亡。

症状：在枝条上初期出现凸起小点，表现为畸形症状，凸起点快速增大，形成表面粗糙的疙瘩状的瘤状冠瘿，冠瘿上端枝条生长势衰弱，冠瘿环绕枝条一周后，枝条坏死，严重时整株死亡。

病原：未知。

发病规律：每年4~6月开始发病，不同海拔的柳杉均易感染。

## 第三节 阔叶林主要病害

**(1) 银杏叶枯病**

危害：常见病害，危害银杏叶片，常造成提前落叶，减弱树势。

症状：病害从叶片先端开始发病，组织褪绿变黄，逐渐扩展至整个叶缘，由黄色变为红褐色至褐色坏死，病斑边缘呈波纹状，颜色较深，后期病斑产生黑色至灰绿色霉层，为分生孢子。

病原：链格孢菌 *Alternaria* spp.、小丛壳菌 *Glomerella* spp.、盘多毛孢菌 *Pestalotia* spp.。

发病规律：病原菌以菌丝或分生孢子在病落叶越冬，温度和降水量是决定病害发生和消长的主要因素。

**(2) 阔叶树漆斑病**

危害：常见病害，一般不会引起较大损失，严重时造成提前落叶。

症状：受害叶片出现淡黄色圆形斑点，逐渐在病斑中央形成突出、有光泽的漆黑斑点。

病原：槭斑痣盘菌 *Rhytisma acerinum* 或符氏盘菌 *Vladracula* spp.。

发病规律：病菌以子座及子囊盘在病叶中越冬，翌年产生子囊及子囊孢子，风雨传播。

**(3) 阔叶树藻斑病**

危害：常见病害，一般不引起较大损失，严重时造成提前落叶。

症状：受害成叶和老叶，发病初期出现针头大小的淡黄褐色圆点，逐渐向外辐射状，形成圆形或不规则形稍隆起的毛毡状斑。

病原：红锈藻 *Cephaleuros virescena*。

发病规律：病菌以藻丝体在病叶中越冬，翌年产生孢子囊，风雨传播。

**(4) 阔叶树瘿螨害**

危害：常见病害，也称毛毡病，一般不引起较大损失。

症状：发病初期，叶片背面产生苍白色不规则病斑，之后病斑表面隆起，病斑上密生灰白色毛毡状物。

病原：瘿螨 *Eriophyes* spp.。

发病规律：瘿螨1年发生10多代，以成螨在芽的鳞片内、病叶内以及枝条的皮孔内越冬。

**(5) 泡桐炭疽病**

危害：泡桐苗期主要病害，苗圃地常发生，引起提前落叶、树势减弱。

症状：主要危害叶片、叶柄和嫩梢，病斑初期点状失绿，后扩大呈褐色近圆形病斑，周围黄绿色，中央凹陷。

病原：胶胞炭疽菌 *Collectotrichum gloeosporioides*，有性世代为围小丛壳菌 *Glomerella cingulata*。

发病规律：以菌丝体在病组织内越冬，分生孢子随风雨溅散传播，5月至6月中旬为发病高峰期，具有潜伏侵染现象。

### (6) 油桐炭疽病

危害：广泛分布，引起提前落叶落果、树势减弱。

症状：可危害各个部位，初期出现褐色小斑，后扩大成黑色圆形病斑，后期病斑出现轮生的小黑点，即病菌的分生孢子盘，叶片病斑多发生在叶缘或叶尖。

病原：胶胞炭疽菌 *Collectotrichum gloeosporioides*，有性世代为围小丛壳菌 *Glomerella cingulata*。

发病规律：以分生孢子盘和子囊壳在病组织内越冬，分生孢子随风雨溅散传播，4月至6月中旬为发病高峰期。

### (7) 林木煤污病

危害：广泛分布，降低树木光合作用，影响观赏价值。

症状：呈黑色霉层或黑色煤粉层。

病原：柑橘煤炱菌 *Capnodium citri*、茶煤炱菌 *Capnodiume theae*、柳煤炱菌 *Capnodium salicinum*、山茶小煤炱菌 *Meliola camelliae*、烟煤菌 *Fumago* spp.。

发病规律：以分生孢子盘和子囊壳在病组织内越冬，蚜虫有关。

### (8) 杨树溃疡病

危害：广泛分布，对大苗和幼树危害严重，可造成大片幼林枯死。

症状：初期出现褐色、水渍状圆形或椭圆形病斑，质地松软，后有红褐色液流出，有时候病斑水泡型，树皮凸出，手压后流出褐色黏液，后期病部产生黑色小点，即为病菌的子座及子囊腔。

病原：葡萄座腔菌 *Botryosphaeria dothidea*。

发病规律：以菌丝体和未成熟的子实体在病组织内越冬，分生孢子随风雨传播，主要从伤口和皮孔侵入，5月下旬为发病高峰期。寄主主导性病害，受品种、环境影响。

### (9) 杨树烂皮病

危害：广泛分布，危害杨树干枝，引起皮层腐烂，可导致造林失败和林木大量枯死。

症状：干腐型主要发生在主干、大枝及分岔处，初期呈暗褐色水渍状、皮层组织腐烂变软，手压有水渗出，后失水下陷，树皮龟裂，病斑有明显的黑褐色边缘，后期长出针头状黑色小凸起，为病菌的分生孢子器，潮湿条件下，挤出橘红色胶质卷丝状物；枯梢型发病初期呈暗灰色，病菌迅速扩展，上部枝条枯死，散生许多黑色小点，为分生孢子器。

病原：污黑腐皮壳菌 *Valsa sordida*，无性世代为金黄壳囊孢 *Cytospora chrysosperma*。

发病规律：病菌以子囊壳、菌丝或分生孢子器在病组织中越冬，翌年以分生孢子气流、雨水或昆虫传播，伤口侵入，5~6月为发病高峰期，病害发生受寄主抗性、气候条件、树龄、林分结构等影响。

**(10) 桑萎缩病**

危害：广泛分布，为桑树全株性病害，感染后不能采叶养蚕，2~3年枯死。

症状：枝条不同程度变细，节间缩短，叶变小、色黄或成花叶状，叶片皱缩或卷曲，叶质粗糙，叶序紊乱，不定芽和腋芽萌发形成侧枝丛生。

病原：植原体 *Phytoplasma* spp.。

发病规律：花叶型萎缩病的病原在桑树枝条内越冬，通过病苗、病穗和砧木传播为害；黄化型萎缩病的病原主要在桑树主根内越冬，通过嫁接和媒介昆虫传播。

**(11) 泡桐丛枝病**

危害：广泛分布，影响枝、干生长量，造成树势降低，严重时引起死亡。

症状：丛枝型腋芽和不定芽大量萌发，侧枝丛生；花变枝叶型花瓣变成叶状，花柄或柱头生出小枝，花萼变薄，花托多裂，花蕾变形。

病原：泡桐丛枝植原体 *Paulownia witches phytoplasma*。

发病规律：病原体可在泡桐病根、病枝韧皮部内潜伏越冬，在泡桐树之间传播。主要的传播途径分为带病的种根育苗以及昆虫（茶翅蝽、烟草盲蝽、中国拟菱纹叶蝉）取食传播，也可依附于沙枣木虱和小板网蝽等昆虫的身上进行传播。

**(12) 香樟基腐病**

危害：广泛分布，引起香樟树势减弱，严重时引起树木死亡。

症状：常在近土表茎基部产生水浸状椭圆形斑，渐扩展为边缘褐色的不规则形的大斑，剥去皮层后木质部变黑褐，有时可见深褐色纵条，根节腐烂。与病斑一侧的地上枝条叶片提前落叶，枝条逐渐干枯，病斑环绕茎皮层一周，植物凋萎死亡。

病原：樟疫霉 *Phytophthora cinnamomi*。

发病规律：该病害为土传性病害，病菌可以卵孢子或者休眠孢子的形式在土壤中长期存在，以游动孢子的方式进行传播，高温高湿、容易积水的地区，发病严重。

# 第四节  经济林主要病害

**(1) 板栗白粉病**

危害：是板栗常见病害，主要危害叶片，降低叶片光合作用效率。

症状：病叶上初生块状褪绿的不规则形病斑，后在叶片或嫩枝表面形成白色粉状物。

病原：栎球针壳菌 *Phyllactinia roboris*、中国叉丝壳菌 *Microsphaera sinensis*。

发病规律：白粉菌一般以越冬后的闭囊壳释放的子囊孢子进行初侵染，潜育期短，很快产生分生孢子，随风传播，进行再侵染，可形成多次再侵染，秋季产生闭囊壳。白粉菌耐干旱。

**(2) 油茶炭疽病**

危害：是油茶最重要的病害之一，在中国分布于南方各地。该病为害果、叶、枝梢和花蕾等部位，引起落果、落蕾、落叶、梢枯、溃疡等，严重时整株死亡。通常引起落果，影响油茶产量和品种。

症状：可危害各个部位，初期出现褐色小斑，后扩大成黑色圆形病斑，后期病斑出现轮生的小黑点，即病菌的分生孢子盘，叶片病斑多发生在叶缘或叶尖。

病原：胶胞炭疽菌 *Collectotrichum gloeosporioides*，有性世代为围小丛壳菌 *Glomerella cingulata*。

发病规律：以菌丝体在病组织内越冬，分生孢子随风雨溅散传播，4月至6月中旬为发病高峰期。

**(3) 板栗疫病**

危害：是板栗的一种毁灭性病害，世界范围分布。侵染苗木及大树，主要为害主干、侧枝和小枝。寄主感病后，病斑迅速包围枝、干，引起烂皮或溃疡，导致产量和质量明显下降，严重时造成整个枝条或全株枯死。

症状：初期形成圆形或不规则形的水渍状病斑，黄褐色或紫褐色，略隆起，后期病部失水，干缩下陷，皮层开裂，撕开树皮，可见羽毛状扇形菌丝层，后期有分生孢子角。

病原：寄生隐丛赤壳 *Cryphonectria parasitica*（Murr）Barr.。

发病规律：病菌在发病部位越冬，3月病菌开始由病组织释放，借雨水、风、昆虫和鸟类传播。经各种伤口侵入枝干，因此多发病在嫁接部位、锯剪口及其他机械损伤点，其中日灼、冻伤部及嫁接部位是常见的病菌侵入处。3月底至4月初始见病斑，扩展迅速，至10月底逐渐停滞。远程传播主要通过苗木。

**(4) 山核桃干腐病**

危害：山核桃干腐病是危害山核桃树的主要病害之一，在浙西种植区及邻近安徽种植区发生普遍。该病害主要在山核桃挂果期发生，危害主干下部，导致大量减产，树势衰弱，严重时导致树木死亡。

症状：初期出现黄褐色、水渍状、近圆形或不规则形病斑，后病斑呈黑色，树皮微突，用手指按压，流出带泡沫的液体，有酒糟气味。后期病斑中心不规则开裂，并从开裂处流出似墨汁汁液，天气干燥时病部有褐色胶质物。剥开树皮，皮层发黑腐烂。

病原：茶藨子葡萄座腔菌 *Botryosphaeria dothidea*。

发病规律：病菌以菌丝体在树干木质部越冬，翌年春季4~5月产生孢子，孢子借风雨传播，伤口或皮孔侵入。该病从3月下旬开始发生，一直持续至11月。春旱，土壤黏重、板结和积水等均可诱发该病的发生。阳坡比阴坡严重。

**(5) 山核桃根腐病**

危害：山核桃根腐病又称基腐病，近年来在溃疡病、墨汁病、黑水病是危害山核桃树的主要病害，在浙江西部种植区及邻近安徽种植区发生普遍。该病害危害主干基部及根部，引起主干基部及根组织坏死，导致上部枝条枯死，最终引起树木死亡。

症状：常在近土表茎基部产生水浸状椭圆形斑，渐扩展为边缘褐色的大斑，剥去皮层后木质部变黑褐，有时可见深褐色纵条，与病斑一侧的地上枝条叶片提前落叶，枝条逐渐干枯，病斑环绕茎皮层一周，植物凋萎死亡。

病原：樟疫霉 *Phytophthora cinnamomi*。

发病规律：该病害为土传性病害，病菌可以卵孢子或者休眠孢子的形式在土壤中长期存在，以游动孢子的方式进行传播，高温高湿、容易积水、土壤偏酸的地区，发病严重。

## 第五节 竹子主要病害

**(1) 毛竹枯梢病**

危害：是毛竹严重病害之一，在浙江、江西、江苏等地均有发生，为害当年生新竹，引起枝枯和梢枯，严重时整株枯死。

症状：当年新竹枝叉处出现淡褐色斑块，扩展为梭形或舌形，颜色变为紫褐色，上下蔓延。发病严重竹林，前期竹冠赤色，远看似火烧，后期竹冠灰白色，远看似竹林戴白帽。

病原：竹喙球菌 *Ceratosphaeria phyllostachydis*。

发病规律：以菌丝体、子囊孢子在病组织内越冬，子囊孢子随风雨溅散传播，主要从伤口侵入，也可直接侵入，5月中旬为发病高峰期。

**(2) 竹秆锈病**

危害：是竹子上严重病害之一，为害淡竹、刚竹、哺鸡竹、箭竹及刺竹等竹种，在浙江、江西、江苏等地均有发生，引起枝枯，减弱生长势。

症状：在冬春季节可见明显椭圆形、长条形、不规则形，橙黄色，紧密结合在一起，且不易分离的垫状物，冬孢子堆。

病原：皮下硬层锈菌 *Stereostratum corticioides*。

发病规律：每年11月至翌年春天，病部产生图红色至棕黄色的冬孢子堆，冬孢子堆脱落后，夏孢子堆露出来，进行侵染。

**(3) 竹丛枝病**

危害：为害淡竹、箬竹、刺竹、刚竹、哺鸡竹、苦竹、短穗竹等，在浙江、江西、江苏等地均有发生，病竹生长衰弱，发笋减少，重病株逐渐枯死，在发病严生的竹林中，常造成整个竹林衰败。

症状：被侵染的新梢，延伸出多节细弱的蔓状枝，病枝节间短，枝上有鳞片状小叶，老病枝呈鸟巢状或球状下垂。

病原：竹瘤座菌 *Balansia take*。

发病规律：病害的发生是由个别竹枝发展至其他竹枝，由点扩展至片。有时从多年生的竹鞭上长出矮小而细弱的嫩竹。本病在老竹林及管理不良，生长细弱的生林容易发病。4年生以上的竹子，或日照强的地方的竹子，均易发病。

## 第六节 果树主要病害

**(1) 圆柏-梨锈病**

危害：在我国各地都有发生，是梨树重要病害。主要危害叶片和新梢，严重时也危害幼果，也危害叶柄和果柄，引起叶片功能，导致果实畸形和早落。

症状：在果树、石楠属植物上主要危害叶片，初期在叶片正面出现黄色小斑点，边沿为暗红色，微微凸起，为性孢子器，背面出现毛状物锈孢子角，柏树上出现冬孢子角。

病原：梨胶锈菌 *Gymnosporangium asiaticum*。

发病规律：梨锈病菌是转主寄生菌，必须要在梨和圆柏两种寄主上才能完成其侵染循环，如果当地没有圆柏，梨树就不会发生锈病，病害的轻重与春季风向及梨园与圆柏的距离有密切的关系。担子孢子传播的有效范围是 2.5~5.0 前面，在梨园周围 5 km 以内有圆柏、梨树遭受侵染的威胁就较大。春季多雨温暖，有利于冬孢子的萌发。17~20 ℃冬孢子萌发迅速。当梨树幼叶初展时，如正逢春雨，梨锈病将严重发生。

**(2) 枣锈病**

危害：在我国各地均有发生，发生在枣树叶片的一种流行性病害。枣锈病只危害叶片，发病严重时，叶片提早脱落，削弱树势，降低枣的产量和品质。

症状：初期在叶背面散生或聚生淡绿色的小点，后变为凸起的黄褐色小疱，为夏孢子堆，落叶前后在夏孢子堆的边缘，有稍凸起的小点为冬孢子堆。

病原：枣层锈菌 *Phakopsora zizyphi-vulgaris*，只有夏孢子和冬孢子阶段。

发病规律：可以夏孢子堆越冬，不同品种抗性差异较大，受气温、湿度及生长势关系密切。

**(3) 猕猴桃细菌性溃疡病**

危害：在我国各地均有发生，具有隐蔽性、爆发性和毁灭性的特点，外观症状出现前无法判断是否有该病，症状一旦出现，轻者枝条枯死、树干产生病斑，严重时整个植株死亡。

症状：初期水渍状，后扩大，颜色加深，皮层和木质部分离，手压呈松软状，后期皮层纵向线状龟裂，流出白色黏液，后变为红褐色，环绕后，茎蔓枯死。

病原：丁香假单孢杆菌猕猴桃致病变种 *Pseudomonas syringae* pv. *actinidia*。

发病规律：病菌在病组织、芽、叶痕中越冬，也可在土壤中越冬，伤口侵入，早春时即可侵入，变温利于病害流行。

**(4) 柑橘溃疡病**

危害：是一种世界性病害，也是中国柑橘产区的重要病害之一。主要为害叶片、枝梢、果实和萼片。造成落叶、落果、树势衰弱，受害果实外形恶劣，生长受阻，严重时叶片落光，整株枯死。

症状：初期在叶的正面生针头大小的黄色小点，背面呈油渍状暗绿色稍凹陷的小点，逐渐扩大成圆形的病斑，病斑穿透叶片，两面凸起，表面木栓化，粗糙、灰褐色，周围有黄晕。

病原：地毯草黄单孢杆菌柑橘致病变种 *Xanthomonas axonopodis* pv. *citri*。

发病规律：病菌在病组织中越冬，翌年从病部流出菌脓，通过风雨、昆虫以及农事器具等方式传播，由伤口、自然孔口侵入。

**(5) 枣疯病**

危害：分布于我国各个主要枣产区，是枣树的毁灭性病害，感病枣树发育滞缓，枝叶萎缩，常导致整株或成片死亡，严重影响红枣产量和品质。

症状：枝叶受害后，病株1年生枝上的正芽、多年生枝上的隐芽大部分萌发成发育枝，其余的芽大部分萌发成小枝，如此逐渐萌发成丛生枝，病枝纤细，其上着生的叶片小而淡黄，入秋后干枯，不易脱落。有时造成花叶，常在新梢顶端的叶片上产生，病叶比正常叶小，叶色黄绿相间的斑驳，明脉。常发生花变叶，病株花器退化为营养器官，花梗变大，呈明显的小分枝，萼片、花瓣、雄蕊皆可变成小叶。

病原：植原体 *Phytoplasma*。

发病规律：枣疯病可通过嫁接、分根传播，芽接和枝接等均可传播，接穗或砧木有一方带病即可使嫁接株发病。嫁接后的潜育期长短与嫁接部位、时间和树龄有关。在自然界，也可通过凹缘菱纹叶蝉、橙带拟菱纹叶蝉等害虫传播。

## 第七节　林木根部病害

**(1) 针叶树根白腐病**

危害：在我国各地森林均有发生，是针叶林中的重要根部病害，引起根腐，常导致大片幼林死亡，在成、过熟林内，常引起干基和主干心材腐烂。

症状：初期呈淡紫色，很快出现黑色斑块，渐渐变白，形成海绵状腐，最后形成空洞。

病原：多年异担子菌 *Heterobasidion annosum*。

发病规律：担孢子气流传播，秋季潮湿时发病严重。

**(2) 林木根朽病**

危害：林木根朽病是一种毁灭性病害，能侵染200多个针阔叶树种，在我国各地森林均有分布，导致树势减弱，严重时树木枯死。

症状：树叶变黄，或叶部发育受阻，叶形变小，枝叶稀疏，剥开树皮，可见白色扇形的菌膜存在，常见深褐色或黑褐色根状菌索。

病原：蜜环菌 *Armillaria mellea*。

发病规律：担孢子气流传播。

**(3) 紫纹羽病**

危害：是我国林木的一种常见病害，能侵染200多个针阔叶树种，在我国各地森林均有分布，发病轻的枝叶略呈黄绿色，发病重的全株干枯而死。

症状：幼根先被害，扩展至侧根和主根，皮层容易脱落，有紫色网状菌丝体。

病原：紫卷担子菌 *Helicobasidium brebissonii*。

发病规律：土壤习居菌，直接侵入或伤口侵入。

**(4) 白纹羽病**

危害：在我国各林区区均有发生，危害苹果、梨、桃、李、杏、葡萄、樱桃、茶树、桑、榆、栎、甘薯、大豆、花生等多种果树、林木及农作物。染病后，树势逐渐衰弱，严重时导致植株枯死。

症状：须根先被害，扩展至侧根和主根，皮层容易脱落，菌丝呈现白色蜘蛛网状。

病原：褐座坚壳菌 *Rosellinia necatrix*。

发病规律：土壤习居菌，直接侵入或伤口侵入。

**(5) 根结线虫病**

危害：根结线虫病在长江流域以南普遍发生，北方保护地育苗栽培发生较重。主要发生在根部的须根和侧根上，根系正常功能受到破坏，导致地上部植株生长衰弱，造成不同程度的矮小，严重时整株枯死。

症状：形成根结，侧根须根较少。

病原：根结线虫 *Meloidogyne* spp.。

发病规律：病原线虫在土壤中，或以附着在种根上的幼虫、成虫及虫瘿为翌年的初次侵染源。线虫为害的根部易产生伤口，诱发根部病原真菌、细菌的复合侵染，加重为害。6~9 月发生。

**(6) 根癌病**

危害：我国各地均有发生，主要为害樱花、梅花、桃、蔷薇、海棠、菊花、月季、无花果、丁香、紫薇、大丽花、香石竹、秋海棠、天竺葵等。侵染后，植物根部功能减弱，发病严重的会导致整株死亡。

症状：发病初期出现近圆形的小瘤状物，以后逐渐增大、变硬，表面粗糙、龟裂、颜色由浅变为深褐色或黑褐色，瘤内部木质化。数量几个到十几个不等。

病原：根癌土壤杆菌 *Agrobacterium tumefaciens*。

发病规律：病原细菌在病瘤表皮及土壤中存活越冬，随病组织残体在土壤中存活。病菌可借水流、地下害虫、嫁接工具、作业农具等传播，带病种苗和种条调运可远距离传播。病菌从伤口侵入后，经数周或 1 年以上表现症状。

# 第十章

# 常见大型真菌识别

## 第一节 大型真菌常见类群检索表

### 一、常见大型子囊菌分属检索表

1. 子囊果埋生在子座内 ………………………………………………………………… 2
1. 子囊果不埋生在子座内 ………………………………………………………………… 6
2. 生于禾本科植物的花序上、或昆虫体上、或真菌子实体上;子座常自菌核上产生 … 3
2. 生于地上、落叶层上、或腐木和树皮上 ……………………………………………… 4
3. 生于禾本科植物的子房中;菌核黑色,圆柱形或角形 …………… 麦角菌属 *Claviceps*
3. 生于昆虫或真菌子实体上;菌核在虫体内或真菌子实体内 …………… 虫草属 *Cordyceps*
4. 子座无炭质皮壳,肉质,颜色鲜艳 ……………………………… 肉棒菌属 *Podostroma*
4. 子座有炭质皮壳 ………………………………………………………………………… 5
5. 子座球形,剖面上有轮纹 …………………………………… 轮层炭壳菌属 *Daldinia*
5. 子座棒状或腊肠状,分支或不分支,分化为可育菌盖和不育的柄部 …………………
   …………………………………………………………………………… 炭角菌属 *Xylaria*
6. 子囊果匙状或锤状,柄不育 …………………………………………………………… 7
6. 子囊果盘状、杯状、碗状或变态盘状(棒状、羊肚状、钟状、马鞍状或脑髓状),有柄
   或无柄 …………………………………………………………………………………… 8
7. 子囊果匙状 …………………………………………………………… 地勺菌属 *Spathularia*
7. 子囊果锤状 …………………………………………………………… 地锤菌属 *Cudonia*
8. 子囊果杯形至盘形,无柄或有柄 ……………………………………………………… 9
8. 子囊果形成可育的菌盖并有柄;菌盖羊肚状、吊钟状、脑髓状或马鞍状 ………… 16
9. 子囊果有明显的毛或刚毛 …………………………………………………………… 10
9. 子囊果无明显的毛 ……………………………………………………………………… 15
10. 子囊果有柄,外部被白毛 …………………………………………………………… 11

10. 子囊果无柄 ································································································· 12
11. 子囊果深杯状，肉质或脆骨质 ································· 小口盘菌属 *Microstoma*
11. 子囊果盘状、杯状，肉质或软木质 ····························· 肉杯菌属 *Sarcoscypha*
12. 子囊果部分或全部埋生在土中，杯状，棕色，外部有弯曲的毛 ····· 地孔菌属 *Geopora*
12. 子囊果不埋生在土中 ······················································································ 13
13. 子囊果杯状至碟状，色淡或鲜艳，外部有针状或弯曲的毛，无色或有色 ················
   ······························································································ 毛盘菌属 *Scutellinia*
13. 子囊果盘状至杯状，色暗或鲜艳，外部有密集的有色毛 ··········· 土盘菌属 *Humaria*
14. 子囊果两侧不对称，杯状或耳状，常在一侧开裂 ····················· 侧盘菌属 *Otidea*
14. 子囊果两侧对称，杯状或盘状 ········································································ 15
15. 子囊果鲜橙色或红色；孢子成熟后有网纹 ·························· 网孢盘菌属 *Aleuria*
15. 子囊果白色、黄色、淡褐色、褐色至紫；孢子光滑或有小疣 ············· 盘菌属 *Peziza*
16. 子囊果菌盖羊肚状或吊钟状 ·········································································· 17
16. 子囊果菌盖马鞍状或脑髓状 ·········································································· 18
17. 菌盖羊肚状，表面有网状棱纹，边缘完全与菌柄相连 ············ 羊肚菌属 *Morchella*
17. 菌盖吊钟状，平滑，有凹槽或棱纹，边缘与菌柄分离 ····················· 钟菌属 *Verpa*
18. 菌盖马鞍状，偶杯状，平或卷曲，边缘与柄分离或仅有数点相连 ··· 马鞍菌属 *Helvella*
18. 菌盖脑髓状，不规则马鞍状或马鞍状 ································ 鹿花菌属 *Gyromitra*

## 二、常见大型担子菌分类检索表

1. 担子果耳状、垫状、瓣片状或匙状；胶质、蜡质、肉质或革质，干后角质，湿润后常恢复原状；担子有分隔或叉形 ································································· 胶质菌类
1. 担子果形状多样；质地各异；担子无分隔，圆柱形至宽棍棒形 ································ 2
2. 有子实层，于孢子成熟前裸露，裸果型或半被果型 ················································ 3
2. 子实层有或无；担子果长期闭合，或于孢子成熟后开始裸露，被果型 ······················· 4
3. 子实层自始裸露，并继续扩展 ··································································· 多孔菌类
3. 子实层初期被菌幕所覆盖，成熟后开始全部裸露；担子果伞形或耳状 ············· 伞菌类
4. 有子实层，担子几乎同时成熟 ················································································ 5
4. 无子实层，担子分散，由产孢组织单个或成群的产生，分批成熟，并非全部能育 ··· 6
5. 产孢组织在包被破裂时随延伸的孢托而外露，黏液状，恶臭 ············ 鬼笔目 *Phallales*
5. 产孢组织成熟时粉末状，子实体无柄或具假柄 ································ 马勃目 *Lycoperdales*
6. 子实体无柄或偶有假根或根状菌丝束 ······································································ 7
6. 子实体有发达的柄；产孢组织成熟时粉末状 ························· 柄灰包目 *Tulostomatales*
7. 产孢组织组成小包，非粉末状 ··············································· 鸟巢菌目 *Nidulariales*
7. 产孢组织不组成小包，成熟时粉末状 ······················· 硬皮马勃目 *Sclerodermatales*

## 三、常见胶质菌类分属检索表

1. 担子果具柄和菌盖，菌盖匙状或近珊瑚形，黄色或橙黄色；担子叉状 ………………………………………………………………………………………………… 假花耳属 *Dacryopinax*
1. 担子果耳状、垫状、脑状具皱褶或叶状，无柄 …………………………………… 2
2. 担子果白色、锈褐色至黑色；担子有纵隔 ……………………………… 银耳属 *Tremella*
2. 担子果红褐色或棕褐色，干后黑褐色或黑色；担子有横隔 ………… 木耳属 *Auricularia*

## 四、常见多孔菌类分类检索表

1. 子实层伸展成一平面或子实层表面有相互交织的棱纹 ……………………………… 2
1. 子实层着生在担子果的特化组织上 …………………………………………………… 11
2. 子实层伸展成一平面 …………………………………………………………………… 3
2. 子实层表面有相互交织的棱纹 ………………………………………………………… 9
3. 担子果常膜质或革质，有时木栓质，有柄或无柄，仰生或反卷成檐状，后者子实层生于下侧 ……………………………………………………………………………… 革菌类
3. 担子果直立，柱形、棒形、珊瑚形，多为肉质；子实层生于担子果周围 … 珊瑚菌类 4
4. 担子果质韧，革质或角质，纤细，多分支 ………………………… 羽瑚菌属 *Pterula*
4. 担子果质脆，肉质 ……………………………………………………………………… 5
5. 担子果不分支，棒状 ………………………………………… 棒瑚菌属 *Clavariadelphus*
5. 担子果分支 ……………………………………………………………………………… 6
6. 担子果多次伞状分支；木生 ……………………………………… 杯瑚菌属 *Clavicorona*
6. 担子果非伞状分支 ……………………………………………………………………… 7
7. 孢子有色 ………………………………………………………………… 枝瑚菌属 *Ramaria*
7. 孢子无色 ………………………………………………………………………………… 8
8. 担子果白色或灰色；二孢型 ……………………………………… 锁瑚菌属 *Clavulina*
8. 担子果颜色多种；四孢型 ………………………………………… 珊瑚菌属 *Clavaria*
9. 担子果喇叭形，肉质；子实层着生在外侧，往往有条状或网状的棱纹，很少光滑 …… ……………………………………………………………………………………… 鸡油菌类 10
9. 担子果仰生或反卷成檐状，膜质至革质，有时部分胶质 ………………… 皱孔菌类
10. 子实层光滑或近光滑 ………………………………………… 喇叭菌属 *Craterellus*
10. 子实层具辐射状或网格状棱纹 ……………………………… 鸡油菌属 *Cantharellus*
11. 子实层生于疣或刺上 ………………………………………………………… 齿菌类 12
11. 子实层生于菌管内，菌管不相互分离，有时分裂成齿状或褶状 ………… 多孔菌类
12. 担子果块状或分支，无明显的菌盖 …………………………… 猴头菌属 *Hericium*
12. 担子果有明显的菌盖 ……………………………………………………………… 13
13. 菌盖革质或木质 ………………………………………………… 丽齿菌属 *Calodon*
13. 菌盖肉质 ……………………………………………………………………………… 14

14. 菌盖近光滑，无鳞片；孢子无色，光滑 ················· 齿菌属 Hydnum
14. 菌盖常深色或有鳞片；孢子有色，粗糙 ················ 肉齿菌属 Sarcodon

## 五、常见伞菌类分科检索表

1. 子实层体由菌管组成，或菌褶组成（褶孔菌属），若为后者，则菌盖表皮为牛肝菌型的表皮，孢子牛肝菌型 ················· 牛肝菌科 Boletaceae
1. 子实层体由菌褶组成 ············································· 2
2. 菌盖和菌柄的组织异质；菌肉由丝状菌丝和泡囊状细胞组成；孢子拟淀粉质 ············
   ·················································· 红菇科 Russulaceae
2. 菌盖和菌柄的组织同质 ············································· 3
3. 菌褶分叉或在菌柄上交织成网状；孢子淡锈色，椭圆形至卵形 ··· 网褶菌科 Paxillaceae
3. 菌褶在菌柄上不交织成网状；孢子形状、颜色多样 ·························· 4
4. 菌褶稀而厚，延生，蜡质 ············································· 5
4. 菌褶薄，非蜡质 ···················································· 6
5. 孢子印黑褐色至类黑色；菌褶幼时盖有一层胶黏的菌幕 ········ 铆钉菇科 Gomphidiaceae
5. 孢子印白色；无菌幕 ········································ 蜡伞科 Hygrophoraceae
6. 菌柄偏生、侧生或无柄；担子果木生，肉质、革质或近革质 ······················ 7
6. 菌柄中生 ························································· 9
7. 菌褶边缘纵裂并反卷；担子果耳状，无柄，韧革质 ········· 裂褶菌科 Schizophyllaceae
7. 菌褶边缘不纵向分裂；担子果伞形或耳状，有柄或无柄 ······················· 8
8. 孢子印淡褐色至锈色；菌褶三叉分歧 ····················· 锈耳科 Crepidotaceae
8. 孢子印白色或淡色 ············································· 侧耳科 Pleurotaceae
9. 孢子有棱角或纵条纹，成堆时粉红色、葡萄酒红色或带肉桂色 ·······················
   ············································· 粉褶菌科 Rhodophyllaceae
9. 孢子无棱角 ························································ 10
10. 孢子印白色、淡色、紫褐色至黑色；有典型的菌环 ·········· 蘑菇科 Agaricaceae
10. 孢子印淡色或暗色 ·················································· 11
11. 孢子印淡色 ························································· 12
11. 孢子印暗色 ························································· 14
12. 菌褶延生至弯生；孢子印纯白色、乳黄色、粉肉色或浅绿色 ·······················
    ············································· 白蘑科 Tricholomataceae
12. 菌褶离生至近离生；孢子印白色、粉红色至红肉桂色；菌柄易与菌盖组织分离；有菌
    托和菌环、只有菌托或二者皆无 ······································ 13
13. 有菌托和菌环或只有菌托；子实层髓两侧型；孢子印白色 ······ 鹅膏科 Amanitaceae
13. 有菌托或二者皆无；子实层髓逆两侧型；孢子印粉红色红肉桂色 ·····················
    ············································· 光柄菇科 Pluteaceae
14. 孢子无芽孔；孢子印土褐色至鲜锈色 ····················· 丝膜菌科 Cortinariaceae

14. 孢子有芽孔 ································································································· 15
15. 子实层体两面平行，成熟时液化为墨汁状；孢子印暗褐色至黑色；菌盖表面常有扇状棱纹 ································································································· 鬼伞科 Coprinaceae
15. 子实层体横断面楔形，成熟时不液化为墨汁状 ············································· 16
16. 菌盖上皮层由子实层状或短细胞组成 ························································· 17
16. 菌盖上皮层由匍匐状菌丝组成；菌褶离生至延生；孢子印暗紫色至带紫色的暗褐色 ································································································· 球盖菇科 Strophariaceae
17. 孢子印带紫的暗褐色至黑色 ····················································· 鬼伞科 Coprinaceae
17. 孢子印鲜锈色或暗赭褐色 ························································· 粪锈伞科 Bolbitiaceae

## 六、常见牛肝菌科分属检索表

1. 子实层体由菌褶组成；菌盖表皮为牛肝菌型，孢子牛肝菌型 ······ 褶孔菌属 Phylloporus
1. 子实层体由菌管组成 ································································································· 2
2. 菌管呈规则的辐射状排列；不易与菌肉分离；孢子印黄色 ············ 小牛肝菌属 Boletinus
2. 菌管排列方式呈不规则交织状；菌管易互相分离，或易与菌肉分离；孢子印青褐色、橄榄褐色、黄色、肉色或紫薇色 ································································································· 3
3. 菌柄中空，或有肉质的横隔；孢子印黄色 ··························· 圆孔牛肝菌属 Gyroporus
3. 菌柄内实（除黄黏盖牛肝菌外） ················································································· 4
4. 菌管层在菌柄周围往往凹陷；孢子无色或近无色，孢子印肉色或紫薇色 ································································································· 粉孢牛肝菌属 Tylopilus
4. 孢子显然有色；孢子印青褐色或橄榄褐色 ································································· 5
5. 菌管与菌柄直生或延生 ······························································································· 6
5. 菌管与菌柄离生或近离生 ··························································································· 7
6. 菌盖光滑，黏，具有黏液层覆盖；菌柄上有小腺点，菌环有或无 ································································································· 黏盖牛肝菌属 Suillus
6. 菌盖有绒毛，干，很少黏稠；菌柄上无腺点和菌环 ············ 绒盖牛肝菌属 Xerocomus
7. 菌柄较细，有点、疣点或痂皮状鳞片，暗色；管孔小 ········ 疣柄牛肝菌属 Leccinum
7. 菌柄粗壮，有网纹、白粉或鳞片，基部往往膨大；管孔大，常呈红色 ································································································· 牛肝菌属 Boletus

## 七、常见鬼笔目科、属分类检索表

1. 孢托为单一中空的柱状体，孢体生于顶部的外表 ····················· 鬼笔科 Phallaceae 2
1. 孢托笼头状，多格，或柱形而顶端分裂成瓣；孢体生于格或瓣的内侧 ································································································· 笼头菌科 Clathraceae 3
2. 无菌盖；孢体生于孢托的顶端 ··············································· 蛇头菌属 Mutinus
2. 有菌盖；孢体生于菌盖的表面；无菌幕 ······························· 鬼笔属 Phallus
3. 孢托有柄，顶端笼头状 ························································· 柄笼头菌属 Simblum

3. 孢托柱形，顶端分裂成瓣 ············································· 散尾鬼笔属 *Lysurus*

## 八、常见马勃目科、属分类检索表

1. 包被层紧密联合，外包被薄，罕厚，有小疣或小刺，常全部脱落，少顶部脱落 ·········
   ···················································································· 马勃科 Lycoperdaceae 2
1. 包被具明显的内外两层；外包被星状开裂 ········· 地星科 Geastraceae 地星属 *Geastrum*
2. 孢丝长，线形，相互交织，无明显的主干 ····················································· 3
2. 孢丝系离生、多枝的单位，具明显的主干 ····················································· 5
3. 包被顶端开一小口 ················································································ 4
3. 包被上部不规则地呈片状开裂，孢体易消失 ····························· 秃马勃属 *Calvatia*
4. 外包被全部脱落 ····························································· 马勃属 *Lycoperdon*
4. 外包被厚，坚实，横断开裂 ············································ 脱顶马勃属 *Disciseda*
5. 内包被厚，木栓质，星形开裂；孢丝粗，树枝形，有刺 ········ 栓皮马勃属 *Mycenastrum*
5. 内包被薄；孢丝向尖端渐细，无刺 ······························································ 6
6. 担子果成熟时从着生处脱离，随风滚动 ·································· 灰球菌属 *Bovista*
6. 担子果成熟时固定于着生处 ············································ 静灰球属 *Bovistella*

## 九、常见柄灰包目科、属分类检索表

1. 担子果高大；柄顶端膨大成帽状，形成包被的基部；包被横断开裂 ·······················
   ·········································································· 钉灰包科 Battarreaceae 钉灰包属 *Battarrea*
1. 担子果矮小；柄嵌插于包被基部的凹穴内；包被顶孔开裂 ···································
   ······························································· 柄灰包科 Tulostomataceae 柄灰包属 *Tulostoma*

# 第二节　天目山主要大型真菌

**(1) 蛹虫草 *Cordyceps militaris***

生半埋于林地中或落叶层下鳞翅目昆虫蛹上。子座单个或数个从虫体头部或节部发出，橙黄色，一般不分支，有时分支，高 3~5 cm。子座的柄近圆柱形，长 2.5~4.0 cm，粗 2~4 mm，实心。头部呈棒状，长 1~2 cm，粗 3~5 mm，表面粗糙。子囊壳外露，近圆锥形，大小 (400~300) μm × (4~5) μm，内含 8 个线形子囊孢子。孢子细长，几乎充满子囊，粗约 1 μm，成熟时产生横隔，并断成 2~3 μm 长的小段。

**(2) 蝉花 *Cordyceps cicadae***

生于蝉蛹或幼虫体上。子座单个或 2~3 个成束地从寄主体前端生出，长 2.5~6.0 cm，中空。柄部肉桂色，干燥后深肉桂色，直径 1.5~4.0 mm，有时具有不孕的小分支，头部呈棒状，肉桂色，干燥后呈浅腐叶色，长 7~28 mm，直径 2~7 mm。子囊壳埋生在子座内，孔口稍突出，长卵形，大小约 600 μm × 200 μm。子囊长圆柱状，大小 (200~380) μm × (6~7) μm。子囊孢子线形，具有多横分隔。

**(3) 尖顶羊肚菌 *Morchella conica***

子囊果高 5~7 μm。菌盖近圆柱形，顶端尖，高 3~5 cm，宽 2.0~3.5 cm，表面凹下形成许多长形凹坑，多纵向排列，浅褐色。柄白色，有不规则纵沟，长 3~5 cm，粗 1.0~2.5 cm。子囊大小(250~300) μm ×(17~20) μm。侧丝细长，无色，顶端稍膨大。子囊孢子椭圆形，8 个单行排列，大小(20~24) μm×(12~15) μm。

**(4) 肉杯菌 *Sarcoscypha* sp.**

子囊盘单生、散生或聚生，杯状、盘状至耳状，无柄或有柄，肉质或软木质。子实层污白色、黄色、橘红色、红色至猩红色。外囊盘被为薄壁丝组织；盘下层为交错丝组织。子囊具亚囊盖，近圆柱形，基部稍细或狭窄，内含 8 个子囊孢子。侧丝线状，下部具分支、分隔。子囊孢子椭圆形至矩椭圆形，两端钝圆、平截或具凹痕，表面平滑、近平滑或有不规则褶皱，内含油滴，无色至近无色。

**(5) 粒毛盘菌 *Lachnum* sp.**

子囊盘状、杯状至深杯状，近无柄或具长柄。子实层黄色、米黄色或橙黄色，表面被毛状物。毛状物近圆形，具分隔，表面带有颗粒状纹饰。被子囊棒状至圆柱棒状，一般具 8 个子囊孢子。侧丝披针形、窄披针形或近圆柱形，顶端高于子囊或与子囊顶端平齐。子囊孢子长椭圆形、纺锤形、近圆柱形、线形或针状，无色，单细胞。

**(6) 核盘菌 *Sclerotinia sclerotiorum***

子囊果为子囊盘，小型，小杯状，浅肉色至褐色，单个或几个从菌核上生出，直径 0.5~1.0 cm。柄褐色，细长，弯曲，长 3~5 cm，向下渐细，与菌核相连。菌核形状多样，长 3~15 μm。侧丝细长，线形，无色，顶部较粗。子囊圆柱形，大小(120~140) μm × 11 μm，内含 8 个单行排列的子囊孢子。子囊椭圆形，大小(8~14) μm × (4~8) μm。

**(7) 炭角菌 *Xylaria* sp.**

子座直立，坚实，大型，不分支或分支，黑色，基部不育。子囊壳埋生于子座内，球形。子囊圆筒形，内含 8 个子囊孢子。子囊孢子椭圆形，单细胞，黑色。

**(8) 多型炭团菌 *Hypoxylon multiforme***

子座垫状或半球形或其他形状，高 0.2~0.8 cm，宽 0.5~1.7 cm，红褐色或锈红褐色，渐变暗褐色，最后呈黑色，炭质。子囊壳显著，孔口呈乳头状突起。子囊圆筒形，大小(110~160) μm ×(5~7) μm，有孢子部分 65~90 μm。侧丝细长呈线形，有隔或分叉，上部 4~8 μm。子囊孢子单行排列，椭圆形，暗褐色，光滑，大小(9~11) μm ×(3~3.5) μm。

**(9) 棱柄马鞍菌 *Helvella crispa***

子囊果小褐色或暗褐色，有柄，菌盖马鞍形。菌盖直径 2~5 cm，表面平整或凸凹不平，盖边缘不与菌柄连接。菌柄长 3~9 cm，粗 0.4~0.6 cm，灰白至灰色，具纵向沟槽。子囊大小(200~280) μm ×(14~21) μm，每个子囊里有 8 个孢子。侧丝细长，有或无隔，顶部膨大，粗达 5~10 μm。孢子椭圆形或卵形，光滑，无色，含一大油滴，大小(15~22) μm ×(10~13) μm。

**(10) 马鞍菌 *Helvella elastica***

子囊果小型。菌盖马鞍形，宽 2~4 cm，蛋壳色至褐色或近黑色，表面平滑或卷曲，边缘与柄分离。菌柄圆柱形，长4~9 cm，粗0.6~0.8 cm，蛋壳色至灰色。子囊大小(200~280) μm ×(14~21) μm，子囊孢子8个单行排列。侧丝上端膨大，粗6.3~10 μm。子囊孢子无色，含一大油滴，光滑，有的粗糙，椭圆形，大小(17~23) μm ×(10~14) μm。

**(11) 锤舌菌 *Leotia* sp.**

子实体小型，杵形，质地凝胶状。头部显著分化，凸圆、浅裂，绿黄色，边缘明显向后弯曲，含有产孢组织。菌柄橙黄色，通常中空。

**(12) 胶膜菌 *Ascrotremella* sp.**

子实体由一团形状不规则的凝胶质滴构成，整体呈脑状，橘黄色、黄褐色或暗茶褐色。子囊圆柱形，内含8个子囊孢子。

**(13) 马勃 *Lasiosphaera fenzlii***

子实体近球形至长圆形，直径15~20 cm，无不孕基部。包被两层，薄而易于消失，外包被成碎片地与内包被脱离，内包被纸质，浅烟色，成熟后全部消失，仅遗留下一团孢体。孢体紧密，有弹性，灰褐色，后渐退为浅烟色。孢丝长，互相交织，有分支，浅褐色，直径2.0~4.5 μm。孢子球形，直径4.5~5.0 μm，壁有小刺，褐色。

**(14) 网纹马勃 *Lycoperdon perlatum***

子实体倒卵形至陀螺形，高3~8 cm，宽2~6 cm，初期近白色，后变灰黄色至黄色，不孕基部发达或伸长如柄。外包被由无数小疣组成，间有较大易脱的刺，刺脱落后显出淡色而光滑的斑点。孢体青黄色，后变为褐色。孢丝长，少分支，淡黄色至浅黄色，粗3.5~5.5 μm，梢部约2 μm。孢子球形，淡黄色，具微细小疣，3.5~5.0 μm。

**(15) 大丛耳菌 *Wynnea gigantean***

子囊果中等至大型，有一共同的菌柄，有的有分支，从柄上成丛长出几个到十多个兔耳状的子囊盘，高达10~15 cm。菌柄3~7 cm，粗1~2 cm，黑褐色有皱。子囊盘紫褐色至褐色，高3~8 cm，宽1~3 cm，两侧向内稍卷，子实层红褐色，平滑，外部色较浅亦皱缩。侧丝细长，顶部稍粗达4~5μm。子囊圆柱形，大小(400~500) μm × (14~18) μm，内含8个单行排列的孢子。子囊孢子长椭圆形至肾脏形，大小(22~38) μm×(12~15) μm。

**(16) 竹黄菌 *Shiraia bambusicola***

子座形状不规则，多呈瘤状，长1.0~4.5 cm，宽1.0~2.5 cm，初期表面较平滑，色淡，后期粉红色，可龟裂，内部粉红色肉质，后变为木栓质。子囊壳近球形，埋生于子座内，直径480~580 μm。子囊长，圆柱形，含有6个单行排列的子囊孢子，大小(280~340) μm×(22~35) μm，侧丝呈线形。子囊孢子长方椭圆形至近纺锤形，两端稍尖，具纵横隔膜，无色透明或近无色，堆集一起时柿黄色，大小(42~92) μm ×(13~35) μm。

**(17) 红皮美口菌 *Calostoma cinnbarinus***

子实体较小。柄长1.0~4.5 cm，由许多条浅黄色胶质线状体交织成柱状。外包被2层，外层厚、胶质、透明。内层薄，非胶质，鲜红色，全部开裂成片并全部脱落。内包被薄，干时韧强，角质，圆球形，表皮被朱红色的粉粒，顶端开口处有5~7片深红色突起的皱褶。孢子袋浅黄色。担孢子长方椭圆形，淡黄色，大小(12~16) μm ×(8.0~9.5) μm。

#### (18) 硬皮马勃 *Scleroderma* sp.

担子果近球圆形或梨形，无柄或收缩成一小的柄状基部，以一菌丝束固着于地上。包被坚固，由一单层胶质菌丝所组成，外表变成网隙，厚或薄。孢体由充满以菌髓片的孢子团所组成，成熟时破碎并变为粉末状。担孢子球圆至近球圆形，有色，大型，有疣，具2~6个孢子。

#### (19) 黑蛋巢菌 *Cyathus* sp.

子实体呈杯状，倒圆锥形、钟形或漏斗形，基部一般狭缩，包被由3层组成。幼小子实体口部常被一层盖膜遮盖而封闭，成熟时盖膜破裂脱落使孢体露出。孢体(小包)由菌攀索与包被内侧的壁相连，具黑色皮层，外被有浅色薄膜。担子和子实层都常消解。担孢子无色，平滑无纹饰。

#### (20) 木耳 *Auricularia auricula*

子实体初时圆锥形、黑灰色、半透明。逐渐长大呈杯状，而后又渐变为叶状或耳状，胶质有弹性，基部狭细，近无柄，直径一般为4~10 cm，大的可达12 cm，厚0.8~1.2 mm，干燥后强烈收缩成角质，硬而脆。背面凸起，密生柔软而短的绒毛，腹面一般下凹，表面平滑或有脉络状皱纹。担子圆筒形，大小(50~60) μm×(5~6) μm。担孢子肾形或腊肠形，大小(9~14) μm×(5~6) μm，无色透明。

#### (21) 毛木耳 *Auricularia polytricha*

子实体中等至较大，胶质，浅圆盘形、耳形呈不规则形，新鲜时纯白色，宽2~15 μm，厚1.0~2.3 mm，外面密生毛，子实层面在脉纹和皱纹。有明显基部，无柄，基部稍皱，新鲜时软，干后收缩。子实层生里面，平滑或稍有皱纹，紫灰色，后变黑色。外面有较长绒毛，毛长150~300(480) μm，粗5~7 μm，无色透明，仅基部褐色。

#### (22) 角状胶角耳 *Calocera cornea*

子实体散生、群生或簇生。黄色至橘黄色，干后红褐色、黄褐色或暗茶褐色。胶质，圆柱状后圆柱状向上渐狭，顶端较尖，简单分支，偶尔掌状或具短柄和皱褶的稍扁头部，全体高0.3~1.0 cm。横切面呈3层。子实层生于外周，表面光滑或偶具浅皱褶。原担子圆柱状至近棒状，基部有隔，大小(25.0~36.4) μm×(3.0~4.5) μm，成熟后叉状。担孢子圆柱形，稍弯，薄壁，具小尖，大小(7.8~10.4) μm×(3~4) μm，具1个横隔，内含小油滴，萌发产生近球形分生孢子或芽管。

#### (23) 银耳 *Tremella fuciformis*

子实体中等至较大，纯白至乳白色，胶质，半透明，柔软有弹性，由数片至10余片瓣片组成形似菊花形、牡丹形或绣球形，直径3~15 cm，干后收缩，角质，硬而脆，白色或米黄色。子实层生瓣片表面。担子近球形或近卵圆形，纵分隔，大小(10~12) μm×(9~10) μm。孢子印白色。担孢子无色，光滑，近球形，大小(6.0~8.5) μm×(4~7) μm。

#### (24) 掌状花耳 *Dacrymyces palmatus*

子实体比较小，直径1~6 cm，高2 cm左右，橘黄色，近基部近白色，当干燥时带红色，形状不规则瓣裂成一堆。菌肉胶质，有弹性。孢子光滑，圆柱状至腊肠形，初期无隔，后形成多个而分隔为8~10个细胞。孢子印带黄色。担子呈叉状，细长

**(25) 桂花耳 *Guepinia spathularia***

子实体微小，匙形或鹿角形，上部常不规则裂成叉状，橙黄色，光滑，干后橙红色，高 0.6~1.5 cm。柄下部粗 0.2~0.3 cm，有细绒毛，基部栗褐色至黑褐色，延伸入腐木裂缝中。担子二分叉，叉状，大小 (28~38) μm×(2.4~2.6) μm。担孢子两个，光滑，无色，椭圆形近肾形，初期无横隔，后期形成 1~2 横隔，即成为 2~3 个细胞，大小 (8.9~12.8) μm×[3~4(5.3)] μm。

**(26) 地星 *Geastrum hygrometricum***

子实体初呈球形，后从顶端呈星芒状张开。外包被 3 层，外层薄而松软，中层纤维质；内层软骨质。成熟时开成 6 至多瓣。外表面灰至灰褐色。内侧淡褐色，多具不规则龟裂。内包被薄膜质，扁球形，直径 1.2~2.8 cm，灰褐色。无中轴。成熟后顶部口裂。孢体深褐色，孢子球形，褐色，壁具小疣，径 7.5~11.0 μm。孢丝无色，厚壁无隔，具分支，直径 4.0~6.5 μm。表面多附有粒状物。

**(27) 裂褶菌 *Schizophyllum commne***

子实体小，菌盖直径 0.6~4.2 cm，质韧，白色至灰白色，被有绒毛或粗毛，扇形或肾形，具多数裂瓣。菌肉薄，白色。菌褶窄，从基部辐射而出，白色或灰白色，有时淡紫色，沿边缘纵裂而反卷。柄短或无。孢子印白色。孢子无色，棍状，大小 (5.0~5.5) μm×2 μm。

**(28) 蓝色伏革菌 *Corticium caeruleum***

子实体膜质，初期小盘状，后连成一片。易剥离，完全平伏生长，深蓝色，边缘色浅。

**(29) 韧革菌 *Stereum* sp.**

担子果革质至坚硬，有柄，盾状或平铺，边缘上卷。子实层在下方形成，无侧丝，有时产生囊状体。担孢子单细胞，无色，平滑。主要发生于树干上。

**(30) 变色云芝 *Coriolus versicolor***

子实体小至中等大。菌盖半圆形，贝壳形或扇形，无柄，单生或覆瓦状排列。菌盖直径 10 cm，厚 0.2~1.0 cm，表面浅黄色至淡褐色，有粗毛或绒毛和同心环棱，边缘薄而锐，完整或波浪状，菌肉白色至淡黄色。管孔面白色，浅黄色、灰白色至变暗灰色，孔口圆形至多角形，每毫米 2~3 个，管壁完整。孢子圆柱形，腊肠形，光滑，无色，大小 (6.0~7.5) μm×(2.0~2.5) μm。

**(31) 相邻小孔菌 *Microporus affinis***

子实体菌盖贝壳形、平展形、扇形，硬，黄褐色至红褐色，菌孔象牙色，圆形，非常小，每毫米 8~10 个菌孔。菌体具短柄。有同心环纹，嫩时有细绒毛，老时光滑。孢子印白色。群生于阔叶木的腐木上，为木材白腐朽菌。生长在林地内腐殖层或已腐败的树干上。

**(32) 灵芝 *Ganoderma lucidum***

子实体中等至较大或更大。菌盖半圆形，肾形或近圆形，木栓质，宽 5~15 cm，厚 0.8~1.0 cm，红褐色并有油漆光泽，菌盖上具有环状棱纹和辐射状皱纹，边缘薄，往往内卷。菌肉白色至淡褐色；管孔面初期白色，后期变浅褐色、褐色，平均每毫米3~5个；柄侧生，或偶偏生，长3~15 cm，粗1~3 cm，紫褐色，有光泽；孢子褐色，卵形，大小(9~12) μm ×(4.5~7.5) μm。

**(33) 紫灵芝 *Ganoderma sinense***

菌盖木栓质，多呈半圆形至肾形，少数近圆形，大型个体长宽可达20 cm，一般个体4.7 cm ×4 cm，小型个体2 cm ×1.4 cm，表面黑色，具漆样光泽，有环形同心棱纹及辐射状棱纹。菌肉锈褐色。菌管管口与菌肉同色，管口圆形，每毫米5个。菌柄侧生，长可达15 cm，直径约2 cm，黑色，有光泽。孢子广卵圆形，大小(10.0~12.5) μm ×(7.0~8.5) μm，内壁有显著小疣。

**(34) 树舌 *Ganoderma applanatum***

子实体大或特大，无柄或几乎无柄。菌盖半圆形，部面扁半球形或扁平，基部常下延，大小(5~35) cm ×(10~50) cm，厚1~12 cm，表面灰色，渐变褐色，有同心环纹棱，有时有瘤，皮壳胶角质，边缘较薄。菌肉浅栗色，有时近皮壳处白后变暗褐色，孔圆形，每毫米4~5个。孢子卵形，褐色、黄褐色，大小(7.5~10.0) μm ×(4.5~6.5) μm。

**(35) 苦白蹄 *Fomitopsis officinalis***

子实体大型，马蹄形至近圆锥形，甚至沿树干生长而呈圆柱形。菌盖宽2~25 cm，初期表面有光滑的薄皮，以后开裂变粗糙，白色至淡黄色，后期呈灰白色，有同心环带，龟裂。菌肉软，老时易碎，白色、近白色，味甚苦。菌管多层，同色，管孔表面白色，有时边缘带乳黄色，圆形，每毫米3~4个。担孢子卵形，光滑、无色，大小(4.5~6.0) μm ×(3.0~4.5) μm。

**(36) 偏肿栓菌 *Trametes gibbosa***

子实体木栓质，无柄，侧生单生或叠生。菌盖多为半圆形、扁平，大小(5~14) cm ×(7~25) cm，常左右相连，厚0.5~2.5 cm，基部厚达4~5 cm，表面密被绒毛，浅灰色、灰白色，近基部色深呈肉桂色，后期毛脱落，具较宽的同心环纹及棱纹，基部常有藻类附生而呈现绿色。盖缘完整、较薄，钝或波状，下侧无子实层。菌肉厚3~25 mm，白色。菌管同菌肉色，长3~10 mm，壁厚、完整，管口木材白色，外观呈长方形，宽约1 mm，放射状排列或迷路状或有沟状，有时局部呈短褶状。孢子偏椭圆形，无色，光滑，大小(4~6) μm ×(2~3) μm。

**(37) 裂蹄木层孔菌 *Phellinus linteus***

子实体中等至较大，半圆形或马蹄形，深烟色至黑色，有同心纹和环棱，初期有细绒毛，后变光滑和龟裂，硬而木质化，大小(2~10) cm ×(4~17) cm，厚1.5~7.0 cm，边缘锐或钝其下侧无子实层。菌肉锈褐色或浅咖啡色，厚2~7 mm。菌管同菌肉色相似，多层，每层厚2~5 mm。管口同色，圆形，每毫米6~8个。担孢子黄褐色，光滑，近球形，大小(3.5~4.5) μm ×3 μm。

**(38) 拟层孔菌 *Fomitopsis* sp.**

子实体中等大小，木质。无菌柄，菌盖平伏至半圆形，初期白色，后变暗色，具有环纹。菌肉与菌孔同色。菌孔圆形，近白色。

**(39) 褐多孔菌 Polyporus badius**

子实体大,盖直径 4~16 cm,厚 2.0~3.5 mm,扇形、肾形、近圆形至圆形,稍凸至平展,基部常下凹,栗褐色,中部色较深,有时表面全呈黑褐色,光滑,边缘薄而锐,波浪状至瓣裂。菌柄侧生或偏生,长 2~5 mm,粗 0.3~1.3 cm,黑色或基部黑色,初期具细绒毛后变光滑。菌肉白色或近白色,厚 0.5~2.0 mm。菌管延生,长 0.5~1.5 mm,与菌肉色相似,干后呈淡粉灰色。管口角形至近圆形,每毫米 5~7 个。担孢子椭圆形至长椭圆形,一端尖狭,无色透明,平滑,大小(5.8~7.5)$\mu$m × (2.8~3.5)$\mu$m。

**(40) 长裙竹荪 Dictyophora indusiata**

子实体中等至较大,幼时卵状球形,后伸长,高 12~20 cm,菌托白色或淡紫色,直径约 3.0~5.5 cm。菌盖钟形,有显著网格,具微臭而暗绿色的孢子液,顶端平,有穿孔。菌幕白色,从菌盖下垂达 10 cm 以上,网眼多角形,宽 5~10 mm。柄白色,中空,壁海绵状,基部粗 2~3 cm,向上渐细。担孢子椭圆形,大小(3.5~4.5)$\mu$m × (1.7~2.3)$\mu$m。

**(41) 小孢枝瑚菌 Ramaria flaccida**

子实体多分支形成稠密的细支,高 2~5 cm,分支粗 0.3~0.5 cm,上部米黄色,下部黄褐色,基部白色,并有绒毛状菌丝索。柄短,往往从柄基开始分支。小支直立密集。菌肉白色,柔软。担子细长棍棒状,具 4 个小梗,大小(55~60)$\mu$m × (6.5~8.0)$\mu$m。孢子椭圆形,浅黄色至近无色,有小疣,大小(6~8)$\mu$m × (3~4)$\mu$m。

**(42) 硫黄菌 Laetiporus sulphureus**

子实体大型,初期瘤状,似脑髓状,菌盖覆瓦状排列,肉质多汗干后轻而脆。菌盖宽 8~30 cm,厚 1~2 cm,表面硫黄色至鲜橙色,有细绒或无,有皱纹,无环带,边缘薄而锐,波浪状至瓣裂。菌肉白色或浅黄色,管孔而硫黄色,干后褪色,孔口多角形,平均每毫米 3~4 个。担孢子卵形,近球形,光滑、无色,大小(4.5~7.0)$\mu$m × (4~5)$\mu$m。

**(43) 红栓菌 Pycnvporus cinnabarins**

子实体侧生无柄,木栓质,单生至覆瓦状叠生,偶有半平伏而反卷。菌盖半圆形至扇形,大小(4~10) cm × (4~15) cm,厚 0.5~0.2 cm,干后变硬,盖面朱红色,有细软之短绒毛至无毛,粗糙,无环纹,后期稍平滑,橙红色至淡红色或淡红褐色;盖缘薄或稍钝,全缘。菌肉淡红色至橙红色,木栓质,厚 1.0~1.5 mm。菌管与菌肉同色,菌管长 4~9 mm;管口面朱红色、橙红色或暗红色,后期呈黑色,管口圆形至多角形,每毫米间 2~4 个。孢子圆筒形,无色至淡黄色,平滑,大小(5~7)$\mu$m × (2~4)$\mu$m。

**(44) 桦革褶菌 Lenzites betulina**

子实体小至中等,一年生,革质或硬,无柄。菌盖半圆形或近扇形,直径 2.5~10.0 cm,厚 0.6~1.5 cm,有细绒毛,初期浅褐色,有环纹和环带,后呈黄褐色、深褐色或棕褐色,甚至深肉桂色,老时变灰白色至灰褐色。菌肉白色或近白色,后变浅黄色至土黄色,厚 0.5~1.5 mm。菌褶初期近白色,后期土黄色,宽 3~11 mm,少分叉,干后波状弯曲,褶缘完整或近齿状。担孢子近球形至椭圆形,平滑、无色,大小(4~6)$\mu$m × (2.0~3.5)$\mu$m。

**(45) 蜂窝菌 Hexagona tenuis**

子实体一年生,革质至木质。菌盖平伏,半圆形或扇形,土黄色、黄褐色至红褐色,具有深浅不一的同心环带。菌肉与菌孔同色,菌孔六角形至多角形,无菌柄。担孢子圆柱形,无色,平滑。

### (46) 黏盖牛肝菌 *Suillus bovinus*

子实体中等大小,菌盖直径 3~10 cm,半球形,后平展、边缘薄,初内卷、后波状,土黄色、淡黄褐色,干后呈肉桂色,表面光滑,湿时很黏,干时有光泽。菌肉淡黄色。菌管延生,不易与菌肉分离,淡黄褐色。管口复式,角形或常常放射状排列,常呈齿状,宽 0.7~1.3 mm。管缘囊体无色或淡黄色和淡褐色,簇生,大小(15.6~26.0) μm × 5.2 μm。菌柄长 2.5~7.0 cm,粗 0.5~1.2 cm,近圆柱形,有时基部稍细,光滑。无腺点,通常上部比菌盖色浅,下部呈黄褐色。孢子印黄褐色。担孢子长椭圆形、椭圆形,平滑,淡黄色,大小(7.8~9.1) μm × (3~4.5) μm。

### (47) 黄乳牛肝菌 *Suillus flavaus*

菌盖肉质,直径 4~6 cm,初期扁半球形,后扁平,中部稍凸起;菌盖湿时很黏,光滑,有光泽,黄色。菌肉厚,浅黄色,伤时不变色。菌管层在菌柄周围直生或稍延生,蜜黄色,后橙黄色;管口同色,角形,复式,较大,直径约 2 mm。菌柄长 4~6 cm,粗 0.5~1.2 cm,近圆柱形,白色至淡黄色,顶部有微细网纹,向下散布有紫褐色腺点,内部松软,后中空。菌环膜质,薄,白色,易脱落。孢子平滑,长方椭圆形至椭圆形,大小(11~13) μm × (3.5~4.0) μm。

### (48) 褐疣柄牛肝菌 *Leccinum scabrum*

子实体较大,菌盖直径 3~13.5 cm,淡灰褐色、红褐色或栗褐色,湿时稍黏,光滑或有短绒毛。菌肉白色,伤时不变色或稍变粉黄。菌管初期白色,渐变为淡褐色,近离生。管口同色,圆形,每毫米 1~2 个。管侧囊体和管缘囊体相似,近无色,纺锤状或棒状,大小(17~55) μm × (8.7~10) μm。柄长 4~11 cm,粗 1~3.5 cm,下部淡灰色,有纵棱纹并有很多红褐色小疣。孢子印淡褐色或褐色。担孢子无色至微带黄褐色,长椭圆形或近纺锤形,平滑,大小(15~18) μm × (5~6) μm。

### (49) 点柄黏盖牛肝菌 *Suillus granulatus*

子实体中等大小,菌盖直径 5.2~10.0 cm,扁半球形或近扁平,淡黄色或黄褐色,很黏,干后有光泽。菌肉淡黄色。菌管直生或稍延生,角形。管缘囊体成束,淡黄色到黄褐色,多棒状,大小(31.2~52) μm × (5.2~7.8) μm。菌柄长 3~10 cm,粗 0.8~1.6 cm,淡黄褐色。担孢子长椭圆形,无色到淡黄色,大小[6.5~9.1 (10.0)] μm × (2.6~3.9) μm。

### (50) 松塔牛肝菌 *Strobilomyces strobilaceus*

子实体中等至较大。菌盖直径 2~11.5 (15.0) cm,初半球形,后平展,黑褐色至黑色或紫褐色,表面有粗糙的毡毛状鳞片或疣,直立,反卷或角锥幕盖着,后菌幕脱落残留在菌盖边缘,直生或稍延生,长 1.0~1.5 cm,污白色或灰色,后渐变褐色或淡黑色,管口多角形,与菌管同色。柄长 4.5~13.5 cm,粗 0.6~2.0 cm,与菌盖同色,顶端有网棱,下部有鳞片和绒毛。囊状体棒形具短尖,近瓶状或一面稍鼓起,褐色,两端色淡,大小(26~85) μm × (11~17) μm。孢子印褐色。孢子淡褐色至暗褐色,近球形或略呈椭圆形,有网纹或棱纹,大小(8~12) μm × (7.8~10.4) μm。

## (51) 拟迷孔菌 *Daedaleopsis* sp.

子实体中等大小，革质至木质。菌盖半圆形至扇形，初覆绒毛，后渐消失，具环沟，边缘薄。菌肉与菌盖同色。无菌柄。

## (52) 盾状小皮伞 *Marasmius personatus*

子实体小型。菌盖直径 1.5~5.5 cm，初期半球形，渐平展，后期往往中部下凹，表面具皱纹，边缘有条纹，淡土黄色至皮革色或土褐色，中部色较深。菌肉薄，革质。菌褶直生至近弯生，淡污黄色或淡褐色，较稀，不等长。菌柄长 3.5~8.0 cm，粗 0.3~0.5 cm，近似菌盖色，内实，下部具显著细绒毛。孢子光滑，椭圆形，大小 (7.6~10.2) μm× (3.5~5.0) μm。

## (53) 紫红小皮伞 *Marasmius pulcherripes*

子实体小型，肉质坚韧。菌盖直径 0.8~1.8 cm，半球形、钟形、中央凸起，紫红色，表面光滑，边缘有明显的沟纹。菌肉白色，薄。菌褶直生，白色，稀疏，有小褶。菌柄长 2.5~4.0 cm，中生，中空，黑褐色，韧。囊状体圆柱形至棒形。担孢子长纺锤形，无色，光滑。

## (54) 脉褶菌 *Campanella junghuhnii*

子实体小型，群生。肉质稍韧，菌盖宽 0.5~1.5 cm，薄圆扇形，白色带点淡黄色泽，平滑，盖缘全缘。菌肉白色，薄。菌褶叶脉状隆起，从基部辐射状生出，白色，褶缘全缘。菌柄极短或几无，侧生。担孢子椭圆形，无色，平滑；孢子印白色。

## (55) 金针菇 *Flammulina velutipers*

子实体多成束生长，肉质柔软有弹性。菌盖呈球形或呈扁半球形，直径 1.5~7.0 cm，幼时球形，逐渐平展，过分成熟时边缘皱折向上翻卷。菌盖表面有胶质薄层，湿时有黏性，黄白色到黄褐色，菌肉白色，中央厚，边缘薄，菌褶白色或象牙色，较稀疏，长短不一，离生或弯生。菌柄中央生，基部相连，中空圆柱状，稍弯曲，长 3.5~15.0 cm，直径 0.3~1.5 cm，表面密生短绒毛。担孢子圆柱形，无色。

## (56) 毛状小菇 *Mycena capillipes*

子实体小型，群生，钟形，菌盖宽 0.2~0.5 cm，白色，光滑，盖缘具沟纹。菌肉白色，薄，肉质脆。菌褶直生，白色，密有小褶，褶缘全缘。菌柄长 1.5~4.0 cm，粗 0.03~0.05 cm，中生，中空，白色透明，光滑。担孢子椭圆形，无色，平滑；孢子印白色。

## (57) 高大环柄菇 *Macrolepiota procera*

子实体大型。菌盖直径 6~30 cm，初期卵形，后平展而中凸，中部褐色，有锈褐色棉絮状大鳞片，边缘污白色，不黏。菌肉白色，较厚。菌褶白色、稠密、宽、离生、不等长。菌柄长 12~39 cm，粗 0.6~1.8 cm，上部圆柱形，或向上渐细，与菌盖同色，具有土褐色到暗褐色的细小鳞片，内部松软变中空，基部膨大呈球状。菌环厚双层，上面白色，下面与菌柄同色。多与菌柄分离，能上下活动。孢子印白色。孢子无色，光滑，宽椭圆形至卵圆形，大小 (14~18) μm× (10.0~12.5) μm。

## (58) 平菇 *Pleurotus ostreatus*

子实体中等至大型。菌盖直径 5~21 cm，白色至灰白色，青灰色，有条纹，水浸状，扁半球形后平展，有后沿。菌肉白色，厚。菌褶白色，稍密至稍稀，延生，在柄上交织。菌柄侧生，短或无，内实，白色，长1~3 cm，粗1~2 cm，基部常有绒毛。孢子印白色。担孢子光滑，无色，近圆柱形，大小(7~11) μm×(2.5~3.5) μm。

**(59) 腐木生侧耳 *Pleurotus lignatilis***

子实体较小，菌盖初期扁半球形，后期渐扁平至近扇形，中部稍下凹，表面平滑，白色或中部灰色，开始边缘内卷，直径3~5 cm。菌肉白色，具强烈气味。菌褶延生，稠密，窄，长短不一。菌柄近圆柱形，偏生，长2~5 cm，粗0.3~0.6 cm，白色，常弯曲，内实或松软至变空心。孢子印白色。孢子光滑，无色，卵圆形，大小(5~6) μm×(3.5~4.0) μm。

**(60) 灰树花 *Grifola frondosa***

子实体肉质，短柄，呈珊瑚状分支，末端生扇形至匙形菌盖，重叠成丛，大的丛宽40~60 cm，菌盖直径2~7 cm，灰色至浅褐色。表面有细毛，老后光滑，有反射性条纹，边缘薄，内卷。菌肉白色，厚2~7 mm。菌管长1~4 mm，管孔延生，孔面白色至淡黄色，管口多角形，平均每毫米1~3个。担孢子无色，光滑，卵圆形至椭圆形。

**(61) 绿菇 *Russula virescens***

子实体中等至稍大，菌盖直径3~12 cm，初期球形，很快变扁半球形并渐伸展，中部常稍下凹，不黏，浅绿色至灰绿色，表皮往往斑状龟裂，老时边缘有条纹。菌肉白色，菌褶白色，较密，等长，近直生或离生，具横脉。褶侧囊体较少，梭形，有的顶端分叉，状如担子小梗，大小(46~70) μm×(5.5~10.7) μm。菌柄长2.0~9.5 cm，粗0.8~3.5 cm。孢子印白色。担孢子无色，近球形至卵圆形或近卵圆形，有小疣，可联成微细不完整之网纹，大小(6.1~8.2) μm×(5.1~6.7) μm。

**(62) 变色红菇 *Russula integra***

菌盖宽5~12 cm，扁半球形后平展而中部稍下凹，湿时黏，颜色变异大，红色至红褐色、栗褐色、淡紫色至紫红色等，有时部分褪色为深蛋壳色，表皮可部分剥离，边缘薄，初平滑后有棱纹，菌肉白色，表皮下可呈葡萄酒色。菌褶稍密，白色，后渐变淡黄至谷黄色，直生至近离生，褶间有横脉，常在基部分叉。菌柄白色，基部偶带红色，近柱形，内部中空，长3~8 cm。囊状体近梭形，大小(56~94) μm×(7.0~12.7) μm。孢子印黄色。孢子淡黄色，近球形至广椭圆形，有小刺，大小(7.7~10.9) μm×(7.0~9.2) μm。

**(63) 暗灰鹅膏菌 *Amanita vaginata***

子实体中等或较大，瓦灰色或灰褐色至鼠灰色，无菌环，但具有白色较大的菌托。菌盖直径3~14 cm，初期近卵圆形，开伞后近平展，中部凸起，边缘有明显的长条棱，湿润时黏，表面有时附着菌托残片。菌肉白色。菌褶白色至污白色，离生，稍密，不等长。菌柄细长，圆柱形，向下渐粗，长7~17 cm，粗0.5~2.4 cm，污白或带灰色。菌托呈袋状或苞状。孢子无色，球形至近球形，光滑，大小(8.8~12.5) μm×(7.3~10.0) μm。

**(64) 尖顶乳菇 *Lactarius subdulcis***

子实体较小，菌盖直径1.5~4.5 cm，初期扁半球形，后期中部下凹而边缘伸展呈浅漏斗状，中央具一小凸起，表面无毛近光滑，浅枯叶色、深棠梨色或琥珀褐色，不黏，无环带。菌肉污白色带粉红色，中部较厚，变色不明显。菌褶较密，直生至延生，不等长，狭窄，宽约2 mm，色较盖浅，有时分叉。褶侧囊体棱形，大小(40~85) μm×(8~10) μm。菌柄近圆柱形，长 2.5~7.0 cm，粗 0.3~0.5 cm，同菌盖色，表面平滑，基部常有软毛，内部松软变至空心。担孢子球形，有小刺，长 7~9 μm。

**(65) 松乳菇 *Lactarius deliciosus***

子实体中等至较大，菌盖直径 4~10（15）cm，扁半球形，中央黏状，伸展后下凹，边缘最初内卷，后平展，湿时黏，无毛，虾仁色，胡萝卜黄色或深橙色，后色变淡，伤变绿色，特别是菌盖边缘部分变绿显著。菌肉初带白色，后变胡萝卜黄色。菌褶与菌盖同色，稍密，近柄处分叉，褶间具横脉，直生或稍延生，伤后变绿色。褶侧囊体稀少，近梭形，大小(40~65) μm×(4.7~7.0) μm。菌柄长 2~5 cm，粗 0.7~2.0 cm，近圆柱形或向基部渐细，有时具暗橙色凹窝，色同菌褶或更浅，伤变绿色，内部松软后变中空，菌柄切面先变橙红色，后变暗红色。孢子印近米黄色。担孢子无色，广椭圆形，有疣和网纹，大小(8~10) μm×(7~8) μm。

**(66) 鸡油菌 *Cantharellus cibarius***

子实体一般中等大小，喇叭形，肉质，杏黄色至蛋黄色。菌盖直径 3~10 cm，高 7~12 cm，最初盖扁平，后渐下凹，边缘伸展成波状或瓣状向内卷。菌肉稍厚，蛋黄色。棱褶窄而分叉或有横脉相连，延生至柄部。柄杏黄色，向下渐细，光滑，内实，长 2~8 cm，粗 0.5~1.8 cm。孢子无色，光滑，椭圆形，大小(7~10) μm×(5.0~6.5) μm。

**(67) 假蜜环菌 *Armillariella tabescens***

子实体一般中等大小，菌盖直径 2.8~8.5 cm，幼时扁半球形，后渐平展，有时边缘稍翻起，蜜黄色或黄褐色，老后锈褐色，往往中部色深并有纤毛状小鳞片，不黏。菌肉白色或带乳黄色。菌褶白色至污白色，或稍带暗肉粉色，稍稀，近延生，不等长。菌柄长 2~13 cm，粗 0.3~0.9 cm，上部污白色，中部以下灰褐色至黑褐色，有时扭曲，具平伏丝状纤毛，内部松软变至空心，无菌环。孢子印近白色。担孢子无色，光滑，宽椭圆形至近卵圆形，大小(7.5~10.0) μm×(5.3~7.5) μm。

**(68) 蜜环菌 *Armillaria mellea***

子实体一般中等大小。菌盖直径 4~14 cm，淡土黄色、蜂蜜色至浅黄褐色，老后棕褐色，中部有平伏或直立的小鳞片，边缘具条纹。菌肉白色。菌褶白色或稍带肉粉色，直生至延生，稍稀，老后常出现暗褐色斑点。菌柄细长，圆柱形，稍弯曲，长 5~13 cm，粗 0.6~1.8 cm，同菌盖色，有纵条纹和毛状小鳞片，纤维质，内部松软变至空心，基部稍膨大。菌环白色，生柄的上部，幼时常呈双层，松软，后期带奶油色。孢子印白色。孢子无色或稍带黄色，光滑，椭圆形或近卵圆形，大小(7.0~11.3) μm×(5.0~7.5) μm。

**(69) 粪鬼伞 *Coprinus sterqulinus***

子实体中等大小。菌盖直径 2.5~4.0 cm，高 5~7 cm，初期短圆柱形或椭圆形，纯白色，有鳞片，后变为圆锥形，渐平展，灰色，中部浅褐色，边缘有明显的棱纹，灰褐色至黑色。菌肉白色，较薄。菌褶白色，后变粉红色至黑色而自溶为黑汁状。褶缘囊体淡黄色，椭圆形，大小(29.0~31.5) μm×(14~15) μm。菌柄白色，长 5~18 cm，粗 0.5~0.9 cm，基部膨大，向上渐细，内部松软变中空。菌环白色，膜质，窄，常留在菌柄基部似菌托。孢子印黑色。担孢子黑褐色，光滑，椭圆形，大小(18~24) μm×(10~13) μm。

**(70) 墨汁鬼伞 Coprinus atramentaria**

子实体小至中等大，菌盖初期卵形至钟形，当开伞时一般开始液化流墨汁状汁液，未开伞前顶部钝圆，有灰褐色鳞片，边沿灰白色具有条沟棱，直径 4 cm 或更大。菌肉初期白色，后变灰白色。菌褶很密，相互拥挤，离生，不等长，开始时灰白色至灰粉色，最后成汁液。褶侧囊体圆柱形，多而细长。菌柄污白，长 5~15 cm，粗 1~2.2 cm，向下渐粗，菌环以下又渐变细，表面光滑，内部空心。孢子印黑色。孢子黑褐色，椭圆形至宽椭圆形，光滑，大小(7~10) μm×(5~6) μm。

**(71) 易碎白鬼伞 Leucocoprinus fragilissimus**

子实体较小。菌盖直径 3~5 cm，初期圆锥形至钟形，后渐平展，淡黄色，覆细粉末，中央色深，具放射状长条棱。菌肉白色，极薄。菌柄长 3~8 cm，中生，中空，黄色，质脆易折断，基部稍膨大。菌环膜质，黄色。囊状体棒状。担孢子椭圆形，无色，平滑。

**(72) 小红湿伞 Hygrocybe miniatus**

子实体小型，菌盖直径 2~4 cm，扁半球形，最后中部脐状，干，有微细鳞片或近光滑，橘红色至朱红色。菌肉薄，黄色。菌褶直生至近延生，鲜黄色。柄 0.5~5.0 cm，粗 0.2~0.4 cm，圆柱形，内实变中空，光滑，橘黄色。担孢子无色，光滑至近光滑，椭圆形，大小(7.0~7.9) μm×(4.5~6.0) μm。

**(73) 红蜡蘑 Laccaria laccata**

子实体一般较小。菌盖直径 1~5 cm，薄，近扁半球形，后渐平展，中央下凹成脐状，肉红色至淡红褐色，湿润时水浸状，干燥时呈蛋壳色，边缘波状或瓣状并有粗条纹。菌肉粉褐色。菌褶与菌盖同色，直生或近延生，稀疏，宽，不等长，附有白色粉末。菌柄长 3~8 cm，粗 0.2~0.8 cm，同菌盖色，圆柱形或有稍扁圆，下部常弯曲，纤维质，韧，内部松软。孢子印白色。孢子无色或带淡黄色，圆球形，具小刺，长 7.5~10.0（12.6）μm。

**(74) 香菇 Lentinula edodes**

子实体单生、丛生或群生，子实体中等大至稍大。菌盖直径 5~12 cm，有时可达 20 cm，幼时半球形，后呈扁平至稍扁平，表面浅褐色、深褐色至深肉桂色，中部往往有深色鳞片，而边缘常有污白色毛状或絮状鳞片。菌肉白色，稍厚或厚，细密，具香味。幼时边缘内卷，有白色或黄白色的绒毛，随着生长而消失。菌盖下面有菌幕，后破裂，形成不完整的菌环。老熟后盖缘反卷，开裂。菌褶白色，密，弯生，不等长。菌柄常偏生，白色，弯曲，长 3~8 cm，粗 0.5~1.5（2.0）cm，菌环以下有纤毛状鳞片，纤维质，内部实心。菌环易消失，白色。孢子印白色。担孢子光滑，无色，椭圆形至卵圆形，大小(4.5~7.0) μm×(3~4) μm。

**(75) 宽鳞大孔菌 Favolus squamosus**

子实体中等至大型，菌盖扇形，大小(5.5~26.0) cm×(4~20) cm，厚 1~3 cm，具短柄或近无柄，黄褐色，有暗褐色鳞片。柄侧生，偶尔近中生，长 2~6 cm，粗 1.5~3.0（6.0）cm，基部黑色，软，干后变浅色。菌管延生，白色。管口长形，辐射状排列，长 2.5~5.0 mm，宽 2 mm。担孢子光滑，无色，大小(9.7~16.6) μm×(5.2~7.0) μm。

**(76) 花脸香蘑 Lepista sordida**

子实体一般较小。菌盖直径 3.0~7.5 cm，扁半球形至平展，有时中部稍下凹，薄，湿润时半透明状或水浸状，紫色。边缘内卷，具不明显的条纹，常呈波状或瓣状。菌肉带淡紫色，薄。菌褶淡蓝紫色，稍稀，直生或弯生，有时稍延生，不等长。菌柄长 3.0~6.5 cm，粗 0.2~1.0 cm，同菌盖色，靠近基部常弯曲，内实。孢子印带粉红色。孢子无色，具麻点至粗糙，椭圆形至近卵圆形，大小 (6.2~9.8) μm× (3.2~5.0) μm。

### (77) 长根奥德蘑 *Oudemansiella radiata*

子实体中等至稍大。菌盖宽 2.5~11.5 cm，半球形至渐平展，中部凸起或似脐状并有深色辐射状条纹，浅褐色或深褐色至暗褐色，光滑、湿润、黏。菌肉白色，薄。菌褶白色，弯生，较宽，稍密，不等长。菌柄近柱状，长 5~18 cm，粗 0.3~1.0 cm，浅褐色，近光滑，有纵条纹，往往扭转，表皮脆骨质，内部纤维质且松软，基部稍膨大且延生成假根。孢子印白色。担孢子无色，光滑，卵圆形至宽圆形，大小 (13~18) μm× (10~15) μm。

### (78) 褐小菇 *Mycena alcalina*

子实体小型，菌盖直径 1~2 cm，近钟形至斗笠形，表面平滑，带褐色，中部深色而边缘色浅且有细条纹，湿时黏。菌肉白色，较薄。菌褶白色带浅灰色，不等长，近直生。菌柄细长，常弯曲，长 3~8 cm，粗 0.2~0.3 cm，上部色浅，中下部近似盖色，基部白色有毛，内部空心。缘囊体和褶侧囊体纺锤状，大小 (48~63) μm× (8~13) μm。孢子光滑，无色，卵圆至椭圆形，大小 (6.8~9.4) μm× (5~6) μm。

### (79) 花褶伞 *Panaeolus retirugis*

子实体小，菌盖半球形至钟形，直径约 3 cm，烟灰色至褐色，顶部蛋壳色或稍深。有皱纹或裂纹，干时有光泽，边缘附有菌幕残片，后期残片往往消失。菌肉污白色。菌褶稍密，直生，不等长，灰色，常因孢子不均匀成熟或脱落，出现黑灰相间的花斑。褶缘囊体近圆柱形或棍棒状。菌柄长可达 16 cm，粗 0.2~0.6 cm，上部有白色粉末，下部浅紫，往往扭曲，内部空心。担孢子光滑，黑色，柠檬形，大小 (11~17) μm× (7~12) μm。

### (80) 林地蘑菇 *Agaricus silvaticus*

子实体中等或稍大。菌盖直径 5~12 cm，扁半球形，逐渐伸展，近白色，中部覆有浅褐色或红褐色鳞片，向外渐稀少，干燥时边缘呈辐射状裂开。菌肉白色，较薄。菌褶初白色，渐变粉红色，后栗褐色至黑褐色，离生，稠密，不等长。褶缘囊体近宽棍棒状。菌柄长 6~12 cm，粗 0.8~1.6 cm，白色，菌环以上有白色纤毛状鳞片，充实至中空，基部略膨大。菌环单层，白色，膜质、生菌柄上部或中部。担孢子椭圆形，光滑，具芽孔，大小 [5.5~6.5 (8.0)] μm× (3.5~4.5) μm。

### (81) 白黄小脆柄菇 *Psathyrella candolleana*

子实体较小，菌盖初期钟形，后伸展呈斗笠状，水浸状，直径 3~7 cm，浅蜜黄色至褐色，干时褪为污白色，往往顶部黄褐色，幼时盖缘附有白色菌幕残片，后渐脱落。菌肉白色，较薄。菌褶污白、灰白至褐紫灰色，直生，较窄，密，褶缘污白粗糙，不等长。菌柄细长，白色，质脆易断，圆柱形，有纵条纹或纤毛，柄长 3~8 cm，粗 0.2~0.7 cm，有时弯曲，中空。囊状体袋状至窄的长颈瓶状，顶部纯圆，无色，大小 (34~50) μm× (8~16) μm。孢子印暗紫褐色。孢子光滑，椭圆形，有芽孔，大小 (6.5~9.0) μm× (3.5~5.0) μm。

### (82) 革耳 Panus rudis

子实体小或中等大小,菌盖宽 2~9 cm,中部下凹或漏斗形,初浅土黄色,后深土黄色,茶色至锈褐色,有粗毛,革质。菌褶白至浅粉红色,干后浅土黄色,窄,稠密,延生。囊体无色,棒状,大小(23.4~56.0)μm×(7.2~14.0)μm。柄偏生或近侧生,短,内实,长 0.5~2.0 cm,粗 0.2~1.0 cm,同菌盖色,有粗毛。担孢子无色,光滑,椭圆形,大小(3.6~6.0)μm×(2~3)μm。

### (83) 细皱鬼笔 Phallus rugulosus

子实体初为卵圆形,长径约 2 cm,白色柔软,有弹力,内部发育生长时,则外皮破裂,抽出条柄,高 10~15 cm。全体极软,头部的菌盖呈钟状,朱红色,有细微的皱纹,表面有黏液,发恶臭。菌托白色,宽 1.5~2.0 cm。柄的上部淡红色,下半部白色,中生,中空,圆柱形。担孢子椭圆形,无色,平滑。

### (84) 囊孔菌 Hirschioporus pargamenus

子实体较小,无柄,往往基部狭缩似柄,覆瓦状生长。菌盖薄,半圆形,扇形或贝壳状,革质,柔韧,干时硬,边缘薄而锐,卷曲,波浪状或裂为片状,大小(1~7)cm×(0.8~5.8)cm,厚 1~4 mm,表面白色至灰白色,有时稍淡褐色,密被细长毛或绒毛,有同心环带和环纹。菌肉白色,薄,厚 0.5~1.0 mm。菌管短,0.5~2.0 mm,管口紫色、紫褐色至褐色,每毫米 2~3 个,初期椭圆形至多角形,后期往往裂成齿状。担孢子长椭圆形至近腊肠形,无色,平滑,大小(5.5~6.5)μm×(2.0~2.5)μm。

### (85) 软齿菌 Dentipellis sp.

子实体黄色至黄白色,无菌盖,平伏着生。子实层面有齿状突起,约 1 cm,长短不一。子实体受损时,伤口处变黄,大小(2~6)cm×(1~2)cm。单系菌丝系统,无囊状体和胶化菌丝。担孢子椭圆形,薄壁,表面粗糙、具淀粉质反应,大小(4.1~5.2)μm×(2.4~3.2)μm。

### (86) 鹅绒菌 Ceratiomyxa fruticulosa

子实体多数白色,有时带粉色、黄色,较少近杏黄或带蓝绿色,为丛生直立柱状或树枝状分叉,粗短或细长,疏或密,或互相连接,有时呈蜂窝状,较少为平展状而无直立枝。全高从 1 mm 左右至 10 mm 以上。基质层常扩展,有时也产生孢子。孢子生在纤细的小梗顶上,成堆时白色,镜下无色透明,形状、大小差异较大,多数卵圆或椭圆,有时球圆或近球圆,大小(8~13)μm×(6~8)μm。

### (87) 暗红团网菌 Arcyria denudata

孢囊密集群生,有柄,卵圆或短圆柱形,向上渐细,深玫红至砖红色,最后变为红褐色,长 1.5~6.0 mm,宽 0.5~1.0 mm。囊被早脱落,杯托深杯状,有皱褶,内侧有细网纹及少量小刺。柄同色或近黑色,有槽,高 0.5~1.5 mm,粗约 0.1 mm,内含圆胞。孢网与杯托连着牢固,直立,有弹性,红褐色或暗黄色,线径 2.0~4.5 μm,主要有宽齿,伴以半环及刺,平行,螺旋方式排列,其间有散布的疣,基部孢丝近光滑。孢子成堆时红色或红褐色,光镜下无色或淡红色,球圆,径 6.0~7.5 μm。

# 第十一章

# 常见昆虫识别

## 第一节　昆虫识别的形态学基础

昆虫种类繁多，外形变化很大。同种昆虫，由于虫期、性别不同，或由于地域分布及季节差异，外形也有很大变化。虽然昆虫的外形千差万别，但是它们的基本结构是一致的。因此，了解昆虫的外部形态特征，掌握其基本结构，对于识别昆虫，了解其习性，进而实现对益虫的利用和害虫的控制都是十分必要的。

### 一、昆虫的主要特征

昆虫纲属节肢动物门（Arthropoda）。节肢动物门主要包括甲壳纲（Crustacea）、多足纲（Chilopod）、倍足纲（Diplopoda）、蛛形纲（Arachnida）和昆虫纲（Insecta 或 Hexapoda）等。节肢动物身体左右对称；体躯由若干体节组成，某些体节上着生成对而分节的附肢；皮肤硬化成外骨骼，附着肌肉，并包藏着全部内脏器官，没有脊椎动物所具有的内骨骼系统。

昆虫纲不同于其他节肢动物，其成虫体躯明显地分为头、胸和腹3个体段。头部一般具口器、1对触角、1对复眼和2~3个单眼。多数种类的胸部具3对足、2对翅。腹部多由9个以上体节组成，末端有外生殖器，有时还有1对尾须。简而言之，昆虫体分头、胸、腹3个体段，具有6足4翅。通过以上特征，就很容易把昆虫与其他动物，特别是节肢动物门的其他动物相区别。如蛛形纲（蜘蛛、蝎子）体躯只分为头胸部和腹部2个体段，一般有4对足，无触角；甲壳纲（虾、蟹）体躯也只分头胸部和腹部2个体段，有5对足；多足纲（蜈蚣）体躯则分为头部和躯干部2个体段，躯干部多节，每节有1对足；倍足纲（马陆）则每节有2对足。

### 二、昆虫的头部

头部（head）是昆虫体躯最前面的一个体段，由几个体节愈合而成，形成一个坚硬的头壳，并以可收缩的颈与胸部相连。

**(1) 头部的构造**

昆虫的头部一般呈圆形或椭圆形。在头壳的形成过程中，由于体壁内陷，表面形成许多沟缝，因此将头壳分成许多小区，这些小区都有一定的位置和名称，是昆虫分类的重要依据。如头的前方，介于两复眼之间的部分，称为颚；在颚的下方部分，称为唇基；在颚的上方，两复眼之间的部分，称为头顶；在颚的两侧，位于两复眼的下方部分，称为颊；在头顶和复眼的后方部分，称为后头。触角、复眼、单眼等感觉器官和口器着生在头壳上。因此，昆虫的头部是感受和取食的中心。

**（2）头部的附器**

①触角（antenna）。昆虫除少数种类外，头部都具 1 对触角，着生于额的两侧，其上具各种触觉和嗅觉感器，以利于寻找食物和配偶，是昆虫接收信息的主要器官。蜜蜂雄蜂每根触角上有 30 000 个感器。一些昆虫（如舞毒蛾雄蛾），凭借触角上的感器可以在 1～4 km 半径范围内准确找到待交配的雌蛾。触角由许多环节组成，基部一节称柄节，第 2 节称梗节，这两节内部都有肌肉着生，其他节内部均无肌肉着生，第 3 节称鞭节。触角的形状因昆虫的种类和性别不同而异，常作为识别昆虫种类的主要依据。

②眼（eyes）。眼是昆虫的视觉器官，在栖息、取食、繁殖、避敌、决定行为方向等各种活动中起着重要的作用。昆虫的眼有复眼和单眼两种。

复眼（compound eyes）位于头的两侧上方，由许多小眼集合而成，是昆虫的主要视觉器官。复眼中的小眼面一般呈六角形，其形状、大小、数量在各类昆虫中差异很大。一般复眼越大，小眼数量越多，视觉也越清晰。如蜻蜓的复眼是由 10 000～28 000 个小眼组成。在蝇类和蜂类昆虫中，雄性的复眼常较雌性大，这种差别常可用以区分两性。

单眼（ocellus）分背单眼和侧单眼两类。背单眼一般为成虫和不完全变态的幼虫所具有，与复眼同时存在，着生于额区上方两复眼之间，一般 3 个，排列成倒三角形，有时 1 或 2 个。侧单眼为完全变态昆虫的幼虫所具有，位于头部两侧的下缘，一般为 1～7 个。背单眼、侧单眼的数量、位置或排列方式可作为分类特征。例如，叶蜂幼虫侧单眼仅 1 个，鞘翅目幼虫一般 2～6 对，有 6 对时排成两行，鳞翅目幼虫多数具 6 对，常排列成弧形。单眼只能分辨光线的强弱和方向，不能看清物体本身的形状。昆虫对物体形象的分辨能力，一般只是近距离的物体，如蝶类只能辨识 1.0～1.5 m 的物体。昆虫选择产卵地点和取食植物与其对颜色的分辨能力有密切关系。很多昆虫都表现出一定的趋绿性或趋黄性，如蚜虫在飞翔活动中，往往选择在黄色的物体上降落。利用黄盘或黄色粘虫板诱蚜，就是利用这个原理。昆虫对于紫外线具有较强的感应力，这种光波在人眼看来是暗的，但对许多昆虫来说却是一种最明亮的光线，所以黑光灯具有强大的诱虫作用。

③口器（mouthparts）。口器是昆虫的取食器官，由于昆虫种类、食性和取食方式的不同，它们的口器在外形和构造上产生各种不同的特化，形成各种不同的口器类型。

咀嚼式口器（chewing mouthparts）是昆虫中最基本而原始的口器类型，其他口器类型均是由此演化而成。咀嚼式口器适于取食固体食物，如蝗虫、甲虫、蝶蛾类昆虫的幼虫等的口器。它包括上唇、上颚、下颚、下唇和舌 5 个部分。其中上唇片状，位于口器的上方，着生在唇基的前缘，具有味觉作用；上颚是位于上唇下方两侧的 1 对坚硬的齿状物，用以切断和磨碎食物，并有御敌的功能；1 对下颚位于上颚的后方，生有 1 对具有味觉作用的分节的下颚须，是辅助上颚取食的机构；下唇片状，位于口器的底部，由组成口器的第 3

对附肢愈合而成，其上生有1对下唇须，具有味觉和托持食物的功能；舌为柔软袋状，位于口腔中央，具有味觉和搅拌食物的作用，其基部有唾液腺开口，唾液由此流出和食物混合。具有咀嚼式口器的害虫一般食量较大，对植物所造成的机械损伤明显。有些具有咀嚼式口器的昆虫能把植物的叶片咬成缺刻或穿孔，啃食叶肉仅留下叶脉，甚至把叶全部吃光，如金龟和一些鳞翅目昆虫幼虫；有的在果实或枝干内部钻蛀隧道，取食危害，如各种果实的食心虫和危害枝干的天牛、吉丁虫等；有的潜入叶片上下表皮之间或果树表皮下潜食叶肉或皮层，如苹果旋纹潜叶蛾和梨潜皮蛾等；有的吐丝把叶片卷起来在其中取食危害，如各种卷叶蛾的幼虫等。

刺吸式口器(piercing-sucking mouthparts)能刺入动物或植物的组织内吸取血液或细胞液，如蟥、蚜虫、介壳虫等。与咀嚼式口器相比，刺吸式口器的构造有很大的特化，表现在：上唇很短，呈三角形的小片；下唇长而粗，延长成喙，有保护口器的作用；上颚与下颚变成细长的口针，包在喙内，2对口针相互嵌接组成食物道和唾液道，取食时由唾液道将唾液注入植物组织内，经初步消化，再由食物道将植物营养物质吸入体内。因此，食窦和咽喉的一部分相应演化成强有力的抽吸机构。具有刺吸式口器的昆虫在取食时，以喙接触植物表面，其上、下颚口针交替刺入植物组织内，吸取植物的汁液，造成植物病理性或生理性伤害，使被害植物呈现褪色的斑点、卷曲、皱缩、枯萎或畸形，或因部分组织受唾液的刺激使细胞增生，形成膨大的虫瘿。多数具有刺吸式口器的昆虫还可以传播病害，如蚜虫、叶蝉、螨等。

挫吸式口器(rasping-sucking mouthparts)为蓟马类昆虫所特有。其特点是上颚不对称，即右上颚高度退化或消失，口针是由左上颚和1对下颚特化而成，取食时先以左上颚挫破植物表皮，然后以头部向下的短喙吸吮汁液。

虹吸式口器(siphoning mouthparts)为蝶蛾类昆虫成虫的口器，适于取食植物的花蜜。其特点是上颚完全缺失，而下颚则十分发达，延长并互相嵌合成管状的喙，内部形成1个细长的食物道。不取食时喙蜷曲在头部的下面，如钟表的发条状，取食时可伸到花中吸食花蜜、外露的果汁及其他液体。具这类口器的昆虫，除部分吸果夜蛾危害果实外，一般不造成危害。

了解昆虫口器的构造类型，不仅可以知道害虫的危害方式，而且对于正确选用农药和合理施药具有重要的意义。例如，具有咀嚼式口器的昆虫是将植物咬碎、吞入肠内进行消化吸收，因此，主要选用胃毒剂(如化学农药、微生物农药等)来防治，应用时将药喷洒在作物上或做成毒谷、毒饵撒在害虫经常活动的地方。当害虫取食时即可连同药剂一起吞入消化道内，引起中毒死亡。具有刺吸式口器的昆虫只能吸食植物组织内的汁液，因此喷洒在植物表面无内吸性的胃毒剂则不能进入其消化道，也就无法发挥药剂的毒力作用。但可以选用内吸剂化学农药进行毒杀，因为内吸剂能够被植物任何部分吸收，并可在植物组织内传导，害虫吸收植物汁液时，药剂随植物汁液进入虫体。对于具有虹吸式口器的昆虫，因其主要吸食花蜜或暴露在表面的液体，所以可将胃毒剂做成毒液或半流体的毒饵来诱杀。

**(3) 头部的形式——头式(head types)**

由于口器着生的位置不同，昆虫的头部可分为3种形式。

①下口式(hypognathous)。口器着生在头部下方，与身体的纵轴垂直，这种头式适于取食植物茎叶，是比较原始的形式。如蝗虫、蟋蟀和鳞翅目昆虫的幼虫等。

②前口式(prognathous)。口器着生于头部前方，与身体的纵轴呈一钝角或几乎平行。这种头式适于捕食动物或其他的昆虫。如虎甲、步甲、草蛉等。

③后口式(opisthognathous)。口器向后倾斜，与身体纵轴呈一锐角，不取食时贴在身体的腹面。这种口器适于刺吸植物或动物的汁液。如蝽、蚜虫、叶蝉等。

## 三、昆虫的胸部

胸部(thorax)是昆虫的第2体段，是运动的中心。昆虫胸部由3个体节组成，依次称为前胸、中胸和后胸。每个胸节各具1对胸足，多数昆虫中胸和后胸还各具1对翅，分别称为前翅和后翅。具翅的中后胸又称为具翅胸节或翅胸(pterothorax)。

**(1) 胸部的构造**

昆虫胸部的每一个胸节都是由4块骨板构成的，背面的称为背板，左右两侧的称为侧板，下面的称为腹板。骨板的名称按其所在的胸节而命名，如前胸的背板称前胸背板。各骨板又被若干沟划分成一些骨片，这些骨片也有自己的名称，如前胸背板的后方常有一块小型的骨片称为小盾片。前胸的发达程度、前胸背板和小盾片的形状、大小、颜色常作为昆虫分类的依据。

**(2) 足(legs)**

昆虫的足是胸部的附肢，着生在胸部每节两侧下方，依次为前足、中足和后足，由基节、转节、腿节、胫节、跗节和前跗节组成。昆虫的胸足大多用于行走，但由于各种昆虫生活环境和生活方式的不同，足的构造和功能有很大的差异，可以分成许多类型。

**(3) 翅(wings)**

昆虫的成虫期一般具2对翅，着生在中胸的称前翅，着生在后胸的称后翅。少数种类只有1对翅或完全无翅。

①翅的基本构造。昆虫的翅为膜质，多为三角形。翅在展开时，朝向前面的边缘称为前缘，朝向后面的边缘称为后缘或内缘，朝向外面的边缘称为外缘；与身体相连的一角称为肩角，前缘与外缘所成的角称为顶角，外缘与后缘所成的角称为臀角。多数昆虫的翅为膜质的薄片，由于翅的折叠可将翅面划分为臀前区和臀区。有的昆虫在臀区的后面还有一个轭区。翅的基部称为腋区。

②假想脉序(hypothetical wing venation)。昆虫翅的两层薄膜之间还常有纵横行走向的翅脉(veins)，有加固翅的机械作用。翅脉在翅面上的分布形式称为脉序或脉相(venation)。脉序在不同种类间变化很大，但也有一定的规律性，在同科、同属内有比较固定的形式，常作为分类的依据。昆虫学家根据对多种昆虫(包括化石昆虫)的比较，以及对翅发生学的研究等，假想出一种原始的脉序。这种脉序虽然不是实际存在的，但它却是从实际中抽象出来的，现已普遍被昆虫学者所采用。假想脉序的翅脉分为纵脉和横脉两类，它们各有名称和缩写方法。

③翅的连锁。半翅目、鳞翅目和膜翅目的昆虫，以前翅为主要的飞行器，后翅一般不

太发达，飞行时必须将后翅挂在前翅上，才能保持前后翅行动一致，因此连锁器（linkage structure）就发生在这些昆虫的翅上。

## 四、昆虫的腹部

腹部（abdomen）是昆虫的第3个体段，前面与胸部紧密相连，内脏器官大部分都在腹腔内，因此腹部是昆虫的新陈代谢和生殖中心。昆虫的腹部通常由9~11节组成，除末端几节具尾须和外生殖器外，一般没有附肢。第1~8节两侧常具1对气门。腹节具背板和腹板，两侧只具膜质的侧膜，不像胸部具发达的侧板。由于腹节背板常向下伸，侧膜往往被背板所覆盖。节与节间由节间膜相连，相邻腹节的前后缘常互相套叠，使腹部有较大的伸缩能力，并有助于昆虫的呼吸、交配、产卵和释放性外激素。在有翅昆虫中，腹部一般无分节的附肢，仅在腹末具由附肢演变而成的外生殖器和尾须。

**（1）外生殖器**（genitalia）

雌性外生殖器——产卵器（ovipositor），位于腹部第8~9节的腹面，由3对产卵瓣组成。第1对称腹产卵瓣，第2对称内产卵瓣，第3对称背产卵瓣。生殖孔开口于第8、9腹节之间。昆虫种类不同，产卵环境和产卵位置不同，产卵器有很多变化。蝗虫的产卵器短小呈瓣状；蟋蟀的产卵器剑状；姬蜂的产卵器细长，可为体长的数倍；蜜蜂的产卵器则特化为螯针；在植物组织内产卵的昆虫，其产卵器往往成锯齿状（如叶蜂、蓟马）或刀状（如蝉、叶蝉），使其在产卵时能将植物组织或树枝皮层刺伤；有些昆虫（如蝶类、蛾类、蝇类和甲虫）的腹末几节逐渐变细，互相套叠，可以伸缩，形成能够伸缩的伪产卵器，它们只能把卵产在物体的表面、裂缝和凹陷处；实蝇类腹部末端尖细而骨化，可以刺入果实内产卵。

雄性外生殖器称交配器或交尾器（copulatory organ），位于第9腹节的腹面，构造比较复杂。交配器主要包括1个将精子输入雌体的阳茎和1对抱握雌体的抱握器。阳茎（aedeagus）是由第9腹节腹板后的节间膜特化而成，一般呈锥状或管状，多可以自由伸缩，顶端具有射精管的开口或雄性生殖孔。抱握器（harpagones）多由第9腹节的1对附肢特化而成，形状变化很大，有叶状、钩状、钳状等，交配时用于抱握雌体，也有一些昆虫不具抱握器。由于昆虫种类的不同，外形变化很大，但每种昆虫的雄性外生殖器在结构上具有相对的稳定性，因此，在分类上常作为鉴别种类的重要依据。

**（2）尾须**（cerci）

昆虫尾须为着生于腹部第11节两侧的1对须状物，分节或不分节，长短不一，具有感觉作用。

**（3）腹足**（prolegs）

鳞翅目和膜翅目叶蜂等的幼虫腹部具行动用的腹足。鳞翅目幼虫通常具5对腹足，着生于第3~6节和第10腹节上，第10腹节上的腹足又称为臀足（anal legs）。腹足构造简单，呈筒状，末端具趾钩。膜翅目叶蜂的幼虫从第2节开始有腹足，一般6~8对，有的多达10对，腹足末端无趾钩，可与鳞翅目幼虫区别。

## 五、昆虫的体壁

体壁(integument)是昆虫身体最外层的组织,大部分硬化,它像脊椎动物的骨骼一样,着生肌肉,并且构成了昆虫的外骨骼。昆虫的体壁除具有供肌肉着生的骨骼功能外,还具有脊椎动物的皮肤功能,如防止水分蒸发、保护内脏免于机械损伤和防止微生物及其他有害物质的侵入,同时体壁上还有很多感觉器官,可与外界环境取得广泛的联系。

**(1)体壁的结构与特性**

体壁由表皮层、皮细胞层和底膜三部分组成。体壁具有延展性、坚硬性和不透性,这对昆虫的演化发展和生活适应具有重要意义。

**(2)体壁的衍生物**

昆虫由于适应各种特殊需要,体壁常向外突出或向内凹陷,形成各种衍生物。体壁表面一些微细的突起,常由表皮外长或内陷形成的,如刻点、脊纹、小疣、小棘、微毛等。有些大型结构则是皮细胞向外突出形成的,如刚毛、毒毛、感觉毛、刺、距、鳞片等。

体壁的内陷物一方面表现为表皮内陷形成的各种内脊、内突和内骨,以增加体壁的强度和肌肉着生的面积;另一方面表现为皮细胞层在特定位置由一个或几个细胞特化成各种腺体,如唾液腺、丝腺、蜡腺、毒腺和臭腺等。

**(3)体壁的颜色**

昆虫的体壁常具有各种颜色和花纹,这些都是外界的光波与昆虫体壁相互作用的结果。体色根据性质可分为色素色、结构色和混合色。

①色素色(pigmentary color)。又称化学色,是由体壁中或皮下组织内的某种色素所产生的颜色,它们大部分是新陈代谢的副产物,易受外界环境因素的影响而变化。

②结构色(structural color)。又称物理色,是由体表的特殊结构对光的反射或干涉而产生的颜色,一般具有金属闪光,由于这类色彩是物理作用的结果,所以不会因煮沸或化学药品处理而消失。

③混合色(combination color)。是由上述两种因素综合而成,昆虫的体色大都属于此类。

# 第二节 常见昆虫类群识别

昆虫,广义上指六足总纲的节肢动物,包括原尾纲、弹尾纲、双尾纲和昆虫纲;狭义的昆虫是指昆虫纲的节肢动物,包括 30 个目左右;本书的昆虫为广义的概念。昆虫种类繁多,全世界已记录 100 多万种,被认为是物种多样性最丰富的动物。

## 一、原尾纲 Protura

俗称原尾虫。

①识别特征。体型微小,全长 2 mm 以下,成虫身体一般为半透明,长梭形;幼虫早期为乳白色,后期逐渐与成虫的颜色接近;头部无触角、复眼和单眼;背面近两侧有 1 对假

眼，是原尾虫特有的感觉器官；口器为内颚式，多数种类的口器为咀嚼型；前胸背板短小，前胸足特别长大，向头前伸出；腹部无尾须，腹部前3节各生1对腹足。胸、腹部毛序的变化是鉴定种类的重要依据。

②生物学特性。终生在土壤中度过，主要以寄生在植物根须上的菌根菌为食；栖息环境广，大多数分布在距地表 0~15 cm 的土层中；增节变态。

③分类概况。全世界已记录 650 种，我国已记录 160 余种。

## 二、弹尾纲 Collembola

俗称为跳虫或弹尾虫，简称蚖。

①识别特征。体长 1~3 mm，最长可达 10 mm；身体呈圆筒形、球形、扁平形等多种形状；表皮柔软，体色多变；触角多为 4 节；无真正的复眼；上颚和下颚长在头内；原生无翅；胸足由基节、转节、腿节和胫跗节组成，胫跗节有一小的跗端节；腹部第1、第3和第4节上分别生有腹管、握弹器和弹器3种特化的附肢。

②生物学特性。分布很广，一般生活在潮湿场所，以腐殖质、菌类为主要食物，有些取食孢子、发芽的种子及活植物；也有栖息在水面，取食藻类；栖息在海滨，取食腐肉；极少数种类为肉食性。主要营两性生殖，也有单性生殖。表变态。

③分类概况。全世界已记录 6600 种，中国已记录 190 余种。

## 三、双尾纲 Diplura

俗称为双尾虫和铗尾虫，简称蚆。

①识别特征。体白色或乳白色，细长而扁平；头圆形或椭圆形；无复眼和单眼；触角念珠状，多节；口器为内口式咀嚼口器，被头壳深深盖住；前胸小，中、后胸较大。胸足构造简单，跗节不分节。腹部第 1~7 节腹板有 1 对基节囊泡和 1 对刺突；腹部第 10 节具 1 对分节的尾须或单节尾铗。

②生物学特性。双尾虫是一类广泛分布的小型土壤动物，一生中不断蜕皮，一般生活在土表腐殖质层的枯枝落叶中、倒木下、腐烂的树干中、石缝内，有些生活在蚁穴和其他动物洞穴中。以活的微小土壤动物、微生物、植物根和动植物的尸体和碎屑作为食物。表变态。

③分类概况。全世界已记录约 600 种，我国已记录 30 余种。

## 四、昆虫纲 Insecta

### (1) 石蛃目 Archeognatha

俗称为石蛃，简称蛃。

①识别特征。体小型至中型；体被鳞片，无翅；触角长丝状，上颚单关节式，口器咀嚼式；腹部第 2~9 节具成对刺突，尾须长、多节，有的具中尾丝。

②生物学特性。幼虫与成虫在体型和习性方面非常类似，主要区别在于大小和性成熟度。生活于草原或林区的落叶、树皮下、朽木、石缝等环境中，活泼、善跳。主要取食藻

类、地衣、苔藓、植物碎屑等。

③分类概况。全世界已记录 5 科 500 种，我国已记录 1 科 18 种。

**（2）衣鱼目 Thysanura**

俗称衣鱼、家衣鱼。

①识别特征。体小型至中型，无翅；背腹扁平，体细长，被鳞片和毛；触角长丝状，复眼分离，口器咀嚼式；腹部第 7~9 腹节具成对刺突和泡囊，腹末具 1 条中尾丝和 1 对长尾须。

②生物学特性。成虫期仍蜕皮。喜温暖环境，常夜出活动，生活在土壤中、朽木、落叶等处；有些生活在室内，可危害书籍、衣服、食物等，并传播病菌。表变态。

③分类概况。全世界已记录约 250 种，我国已记录 20 余种。

**（3）蜉蝣目 Ephemeroptera**

俗称蜉蝣，简称蜉。

①识别特征。体小型，柔软纤细；口器咀嚼式无咀嚼能力；翅脉网状，前翅很大，三角形；后翅退化，小于前翅；腹末具 1 对细长多节的尾须和 1 条中尾丝。

②生物学特性。最原始的有翅昆虫。稚虫水生，亚成虫和成虫生命很短，寿命数小时至 1 周，俗称"朝生暮死"。稚虫期 1~3 年，蜕 24 次皮。原变态，具亚成虫期。

③危害及应用价值。稚虫为鱼及水生动物的食料；稚虫对水质的适应程度可用于监测水域的污染程度。

④分类概况。全世界已记录 14 个科 2250 余种，我国已记录 250 余种。

**（4）蜻蜓目 Odonata**

俗称蜻蜓、豆娘，简称蜻、蜓、蟌。

①识别特征。体中型至大型，细长；头大能活动，复眼发达，触角刚毛状；翅膜质，有发达的网状翅脉、翅痣和翅结；雄虫腹部第 2、3 节上腹面有发达的次生交配器。

②生物学特性。一生经历卵、稚虫和成虫 3 个虫期。稚虫水生，利用直肠鳃或尾鳃呼吸，常见于溪流、湖泊、塘堰和稻田。蜻蜓喜欢生活在温暖地区。成虫和稚虫均为捕食性。半变态。

③应用价值。为多种农林害虫天敌，可用以监测水质。

④分类概况。全世界已记录 6500 余种，我国已记录 400 余种。

⑤重要科识别。蜻蜓目的重要科有大蜓科、春蜓科、蜓科、蜻蜓等，识别特征如下：

大蜓科 Cordulegasteridae。体大型至甚大型；黑色，具黄色斑纹；头部背面观，两眼相距甚远，或至多相遇于一点；下唇中叶沿中线纵裂；翅透明，或具褐色斑纹；前后翅三角室形状相同；雌性无产卵器。生活于山谷溪流间，常沿溪流水面往返飞行。我国已记录 10 余种。

春蜓科 Gompbidae。体中型至大型；黑色，具黄色花纹；两眼距离甚远；下唇中叶完整，不沿中线分裂；前后翅三角室形状相同；雌性无产卵器。常见于溪边及池塘边，早春最为常见。我国已记录约 150 种。

蜓科 Aeshnidae。体大型至甚大型；蓝色、绿色或褐色，飞行很快；头部背面观，两眼互相接触呈一条很长直线；前后翅三角室形状相似；雌性产卵器粗大。常在溪边和池塘附近飞行。我国已记录30余种。

蜻科 Libellulidae。体中等大小，种类繁多；前后翅三角室所朝方向不同；趾发达。在水环境周围生活。我国已记录70余种。

色蟌科 Calopterygidae。体大型；常具很浓的色彩和绿的金属光泽；翅宽，有黑色、金黄色或深褐色等；翅脉很密，翅痣常不发达或缺，盘室长方形，通常有甚多横脉；停息时，两翅背面合并，并上举。足长，具长刺。常在山间、林内的小溪流边缓慢飞行。我国已记录20余种。

蟌科 Coenagrionidae。体小型，细长；体色非常多样，有红色、黄色、青色等，无金属光泽或仅局部有金属光泽；翅有柄，具2条原始结前横脉，翅痣形状多变，多为菱形；盘室四边形，其前边短于后边；翅端无插脉；停息时，四翅会合紧贴腹部背面，不上举。生境同色蟌科。本科是蜻蜓目中物种最丰富的科，全世界已记录1000种以上，我国已记录约50种。

扇蟌科 Platycnemididae。体小型至中型；体色以黑色为主，杂有红色、黄色、蓝色斑，甚少有金属光泽；有些种类的雄性中足及后足胫节扩大呈扇形；翅具2条原始结前横脉，盘室前边比后边短1/5，外角钝；停息时四翅合并在背上，不上举；足具浓密而且很长的刚毛。生境同色蟌科。国内已记录仅10余种。

**（5）蜻翅目 Blecoptera**

俗称石蝇，简称蜻。

①识别特征。体中小型，细长、柔软而扁平；触角长丝状，至少等于体长的1/2；口器咀嚼式；前胸大，方形；翅膜质，前翅狭长；后翅臀区宽大，翅脉多，变化大，休息时翅平折于腹背上；尾须长，丝状。

②生物学特性。稚虫水生，多为捕食性，喜欢有明显水流的山区溪流。成虫多数不取食，少数危害农作物和果树。半变态。

③应用价值。该类昆虫对水体污染非常敏感，可作为水质监测的指示昆虫。

④分类概况。全世界已记录2300余种，我国已记录300余种。

**（6）直翅目 Orthoptera**

包括蝗虫、蚱蜢、螽蟖、蟋蟀、蝼蛄、蚤蝼等，分别简称蝗、蚱、蜢、螽、蟋、蝼等。

①识别特征。头下口式，口器咀嚼式；前胸背板发达，常呈马鞍状；前翅皮革质，后翅膜质、扇形；一般产卵器发达；多数种类具发音器和听器。

②生物学特性。多数生活在地面，若虫、成虫生活习性相同，多白天活动，蟋蟀和蝼蛄多夜晚活动；外形相似，绝大多数种类为植食性，取食植物叶片等部分。有些蝗虫能迁飞，加大了危害性；除飞蝗外，一般飞翔力不强。渐变态。

③危害。多数为植食性，许多种类是重要的农林害虫。

④分类概况。全世界已知20 000余种，危害作物的有300余种。

⑤重要科识别。直翅目的重要科有纺织娘科、螽蟖科、蟋蟀科、蝗科、蚱科和蝼蛄科等，识别特征如下：

纺织娘科 Mecopodidae。体中型至大型；头式为下口式；触角窝周缘非强隆起；第1~2 跗节具侧沟；前足和中足胫节背面具距；前足胫节听器开放型；后足胫节背面具端距。植食性，喜食南瓜、丝瓜的花瓣，也食桑树、柿树、核桃、杨树等植物的叶。喜欢栖息在凉爽阴暗的环境中，白天静伏在瓜藤的茎、叶之间，晚摄食、鸣叫。本科已记录约130种。

螽斯科 Tettigoniidae。体小型至大型。头式为下口式；触角窝周缘非强隆起；第1~2 跗节具侧沟；前足和中足胫节背面具距，前足胫节听器封闭型。植食性，成虫、若虫均取食植物的地上部分。本科已记录约350种。

蟋蟀科 Gryllidae。体中型至大型，有的种类体长达40 mm；雄性前翅具镜膜或退化成鳞片状；后足胫节背面侧缘的背距粗短而光滑，后足跗节第1节背面具刺；雌性产卵瓣较长，矛状。植食性，成虫、若虫均取食多种植物的地上部分。我国已记录约70种。

蝗科 Acrididae。体大型；触角丝状、棒状或剑状；体长，大多侧扁；前胸背板较短，仅盖住胸部背面；爪间有中垫；腹部第1节背板两侧有1对鼓膜听器。植食性，成虫、若虫均取食多种植物的地上部分，其中多种是重要的农业害虫。全世界已记录约12 000 种。

蚱科 Tetrigidae。旧称菱蝗科。体小型，呈菱形；前胸背板特别发达，向后延伸覆盖腹部或大部分，少数种类向前延伸覆盖头顶；前翅鳞片状，后翅发达，少数种类无翅；跗节2-2-3，爪间缺中垫；无发音器和听器。植食性，取食植物的地上部分。全世界已记录850余种。

蝼蛄科 Gryllotalpidae。体中等；前胸背板圆弧状凸起；前足挖掘足；后足较短；跗节3 节；产卵瓣退化。以土栖为主，喜欢温暖潮湿、腐殖质丰富的土壤。有趋光性，夜间活动，取食植物的根部，为重要的地下害虫。全世界已记录60余种，我国已记录4种。

**（7）䗛目 Phasmatodea**

①识别特征。体大型，1.5~63.0 cm，体细长似竹竿或宽扁似树叶；口器咀嚼式，复眼小；后胸与腹部第1节常愈合，腹部长，体节相似；前翅短，皮革质；后翅膜质，臀区宽大。有的种类无翅。

②生物学特性。成虫多不善飞翔。生活于草丛或林木上，以叶片为食，有典型的拟态和保护色。渐变态。

③危害及应用价值。取食植物叶片；有不少种是重要的观赏昆虫。

④分类概况。全世界已记录2500余种，我国已记录100余种。

**（8）螳螂目 Mantodea**

俗称螳螂，简称螳。

①识别特征。头部三角形，能灵活转动；口器咀嚼式；前胸极度延长；前足特化成捕捉足。

②生物学特性。捕食性，用前足捕捉其他昆虫及小动物。卵多产于树枝或树皮上，形成卵鞘。多数绿色或褐色，常有保护色。渐变态。

③应用价值。捕食各种害虫，其卵鞘可入中药，所以既是重要的天敌昆虫，又是重要的药用昆虫。

④分类概况。全世界已记录2200余种,我国已记录120种。

**(9)蜚蠊目 Blattodea**

包括白蚁和蜚蠊,后者俗称蟑螂。

1)白蚁

①识别特征。体小型至中型;触角念珠状;前后翅均膜质,大小、形状及脉序相似;翅基有脱落缝,翅脱落后仅留下翅鳞。多型性。工蚁白色,无翅,头圆,触角长;兵蚁类似工蚁,但头大,上颚发达。繁殖蚁有两种类型:一类白色,无翅或仅有翅芽;另一类为有翅的雄蚁和雌蚁。

②生物学特性。社会性穴居昆虫,营群体生活。巢穴居,活动和取食在蚁穴、泥被掩护下进行。取食木材或其他植物。

③危害。有的取食木材,是危害家具、建筑和林木的重要害虫;有的土栖做巢生活,危害堤坝。

④分类概况。全世界已记录3000余种,我国已记录400余种。

2)蜚蠊

①识别特征。体中型至大型,体阔而扁平,近椭圆形;触角长丝状,口器咀嚼式;前胸背板发达,盖及头部大部分;翅发达或退化,极少完全无翅;前翅革质,相互重叠,平覆于腹背;后翅膜质,臀区大;足多刺,基节扁平而扩大。

②生物学特性。适应性强,活动范围广,在有水和食物的地方都能生存。常夜间活动;野外喜潮湿,见于土中、石缝、枯枝落叶、树皮下等处。食性杂,取食死植物、咬树皮或木材。渐变态。

③危害及应用价值。取食及其活动中污染食物、传播病菌和寄生虫,是重要的卫生害虫。部分种类可入药。

④分类概况。全世界已记录3680余种,我国记录250余种。

**(10)革翅目 Dermaptera**

俗称蠼螋或蝠螋。

①识别特征。体中小型,体狭长而扁平;多黑色或褐色;头前口式,口器咀嚼式,触角丝状;多数有翅,前翅短小,革质,无脉纹;后翅大,膜质,扇形或半圆形,脉纹辐射状;腹部长,大部分腹节外露;尾须不分节,钳状,称为尾铗。

②生物学特性。多为夜出型,日间栖于黑暗潮湿处。大多数种类杂食性,取食动物尸体或腐烂植物。雌雄二型现象明显。渐变态。

③分类概况。全世界已记录1800种,我国已记录210余种。

**(11)啮虫目 Psocoptera**

通称为啮或书虱,简称啮。

①识别特征。身体微小;头大,转动灵活;触角长丝状;复眼突出,单眼3个;口器咀嚼式;前胸小,细缩如颈;翅膜质,发达,呈屋脊状覆于腹背上;翅脉简单,横脉少,有些种类无翅。

②生物学特性。常成群生活在树干、叶片或果实上。有些种类生活在室内,常见于面

粉、谷物、纸张、动物标本、毛皮的碎屑中。渐变态。

③危害及应用价值。多为害虫,是重要仓库害虫和图书害虫。少数种类捕食介壳虫和蚜虫,个别种类是羊缘虫的中间寄主。

④分类概况。全世界已记录4600余种,我国已记录1150余种。

### (12) 缨翅目 Thysanoptera

俗称蓟马。

①识别特征。体微小至小型,体细长;头锥形,口器挫吸式,不对称;多数种类无翅,有翅种类的翅狭长,膜质、透明,边缘有长毛缨。最多2~3条纵脉;足粗壮,前跗节有翻缩性"泡囊"。

②生物学特性。常见于花上,取食花粉和发育中的果实,但许多种类仅生活于叶片上,致使叶片扭曲变形,形成虫瘿。具雌雄二型性或多型性现象。多为植食性,少数为捕食性,捕食蚜虫、介壳虫、螨类、粉虱及蓟马。喜干怕湿。过渐变态。

③危害及应用价值。多数为农林害虫,不仅直接危害作物,而且能传播病毒。少数为捕食性种类。蓟马是重要的传粉昆虫。

④分类概况。世界已记录6000余种。中国已报道340余种,分属2亚目8科。

⑤重要科识别。缨翅目的重要科有管蓟马科、纹蓟马科和蓟马科,识别特征如下:

管蓟马科 Phlaeothripidae。触角第3~4节上具锥状感觉器;有翅者翅面光滑无毛,无翅脉;腹部末端呈管状,有长毛,雌虫无锯齿状产卵器。多为植食性,少数为捕食性(捕食粉虱、介壳虫及红蜘蛛等)。全世界已记录2600余种,我国已记录200余种。

纹蓟马科 Aeolothripidae。触角第3~4节具带状感觉器;通常有翅,翅阔有横脉,翅端圆形有缘毛;腹部末端呈圆锥状,雌虫产卵器锯齿状,并向背面弯曲。植食性或捕食性(捕食蓟马、蚜虫及红蜘蛛等)。全世界已记录220余种。

蓟马科 Thripidae。触角第3~4节具叉状或简单的感觉器;有翅者翅型狭长,翅端尖锐;腹部末端呈圆锥状,雌虫产卵器锯齿状,并向腹面弯曲。大多数为植食性,取食叶、嫩梢、花和果实,有些种类是农作物和观赏植物的重要害虫。本科分2个亚科,其中针蓟马亚科已记录110种,我国已记录20余种。

### (13) 半翅目 Hemiptera

包括传统的半翅目和同翅目,常见类群有蚜虫、蚧虫、粉虱、蝉、蜡蝉、蝽等。

①识别特征。体微型至巨型;触角丝状或刚毛状;后口式;口器刺吸式,下唇特化成喙,喙出自头部下方或前足基节间伸出,通常3节,少数1、2、4节;有翅或无翅;有翅种类的前翅为膜翅、覆翅或半鞘翅,后翅膜翅;胸足发达,步行足,少数特化成开掘足、捕捉足、跳跃足或游泳足。

②生物学特性。多为陆生,多为植食性,刺吸植物汁液,产卵于植物表皮或组织内。水生种类多为捕食性。多为渐变态,有雌雄二型现象和多型现象。

③危害及应用价值。许多种类是重要的农林害虫,它们不仅直接吸食植物汁液,造成植物萎蔫、枯死,影响植物生长,而且还能传播植物病害。部分种类生活在植物根部或土壤,捕食各种害虫。

④重要科识别。半翅目的重要科有木虱科、粉虱科、蚜科、瘿绵蚜科、绵蚧科等，识别特征如下：

木虱科 Chermidae（= Psyllidae）。体小型；触角长丝状，端部二分叉；前翅皮革质或膜质，翅脉简单，无横脉，前翅 R、M、Cu 基部愈合形成一条主干；后翅膜质；后足基节有抚状突起，胫节端部有刺。能飞善跳，群集性。若虫分泌蜡质。有些种类传播植物病害，是重要的果树和林木害虫。全世界已记录约 2000 种。

粉虱科 Aleyrodidae。体微小，被有白色蜡质；触角较长，7 节；喙从前足基节间生出；翅脉简单，前翅有 3 条纵脉（R、M、Cu），并且在基部愈合；后翅仅有 1 条纵脉；跗节 2 节，有中垫；腹部第 9 节背板有 1 凹孔（皿状孔）。两性生殖或孤雌生殖；过渐变态，若虫 4 龄。分泌蜡粉，刺吸植物汁液，是重要的林木和温室害虫。全世界已记录约 1200 种。

蚜科 Aphididae。触角一般 6 节，感觉圈多为圆形，罕见椭圆形；前胸和腹部常有缘瘤；腹管和尾片发达；生活史复杂，两性生殖和孤雌生殖，具多型现象，是重要的农林害虫类群。本科全世界已记录约 2280 种，我国已记录约 260 种。

瘿绵蚜科 Pemphigidae。身体上有丰富的蜡腺，体表多被白色絮状的蜡粉或蜡丝；触角 5~6 节，感觉孔为环带状；前翅中脉不分叉或 2 分叉，静止时翅合拢于体背呈屋脊状；腹管退化为小孔状、短圆锥状或缺；尾片半月形，不突出。性蚜无翅，喙退化。第 1 寄主多为阔叶树，第 2 寄主多为草本植物。全世界已记录 120 余种，倍蚜类寄生漆树属植物叶片形成虫瘿，即五倍子，是著名的中药和化工原料。在我国已记录 14 种倍蚜能形成五倍子。苹果绵蚜 *Eriosoma lanigerum* 则是重要的限制性检疫害虫。

绵蚧科 Margarodidae。雌体肥大而柔软，胸腹部分节明显，外被发达的绵状蜡丝；雄成虫触角 10 节，翅黑色或烟煤色；本科包括多种重要的林木和果树害虫，如吹绵蚧、草履蚧等。全世界已记录约 225 种，我国已记录约 15 种。

粉蚧科 Pseudococcidae。雌体通常卵圆形，少数长形或圆形；体壁柔软，分节明显；腹部末端有臀瓣及臀瓣刚毛；身体表面有蜡粉，有时身体侧面常形成刺状蜡突，产卵期身体末端常附有蜡质卵袋；雄虫通常有翅，腹末有 1 对长蜡丝；营自由生活。多数为果树和园林的重要害虫。全世界已记录 1400 余种，我国已记录 107 种。

蚧科（蜡蚧科）Coccidae。雌体长卵形、卵形，扁平或隆起呈半球形、球形；体分节不明显；体壁富有弹性或有坚硬的外壳，光滑，裸露，或稍被蜡质；腹末纵裂形成臀裂；雄虫有翅或无翅，触角 10 节，无复眼，单眼 4~10 个，多为 6 个，腹末有 1 对长蜡丝。寄生于林木、果树和草本植物，是重要的果树和林木害虫。全世界已记录约 778 种，我国已记录约 75 种。

盾蚧科 Diaspididae。体微小至小型，特化程度较高；雌虫体扁，头和前胸愈合，腹部末端数节愈合成臀板；无触角和足。身体被有蜕皮和分泌物组成的介壳；雄虫触角 10 节，单眼 4~6 个，大多有翅，腹末无蜡丝。果树、林木、观赏植物上常见的重要害虫，大多数种类寄生于植物的茎、枝、梢、叶和果实上，少数种类寄生在根部和地下茎部分。全世界已记录 2400 余种，我国已记录 320 余种。

飞虱科 Delphacidae。体小型，多为灰白色或褐色；触角短锥状，一般不长于头部和前胸背板长度之和；前、后翅均膜质，静止时合拢呈屋脊状；有长翅型和短翅型之分；后足胫节具 2 个大刺，末端具 1 个可以活动的大距，是本科最显著特征。成虫善跳，有趋光性。卵产于植物组织内。具二型性。寡食性。有些种类传播植物病毒病，是重要的农业害虫。全世界已记录 1500 余种，我国已记录 100 余种。

蝉科 Cicadidae。体中型至大型；触角刚毛状，单眼 3 个；前翅膜质透明，翅脉发达；前足开掘式；腹部第 1 节腹面具发音器或听器；产卵器发达。成虫产卵于幼嫩的枝梢上，幼虫食根。生活史较长。蝉蜕是知名的中药，若虫被菌类寄生也可入药。我国已记录 200 余种。

角蝉科 Membracidae。体小型至中型，形状奇异，多为黑褐色；前胸背板特别发达，多向后延伸成突起，盖住小盾片、腹部一部分或全部，有些种类的前胸背板还具有上肩角、背角突和中背突等。以卵在树枝中越冬。若虫背面常长满刺。全世界已记录约 3000 种，我国已记录近 300 种。

沫蝉科 Cereopidae。体小型至中型；触角短，刚毛状；前胸背板大，扁平或明显隆起；前翅常加厚呈皮革质；后足胫节中部有 1~2 个粗刺，端部有一丛刺；植食性，善跳跃，为农林害虫。若虫能分泌唾沫状的黏液，称为"泡泡虫"，自身藏于其中。全世界已记录 1000 余种，我国已记录 100 余种。

叶蝉科 Cicadellidae。体小型至中型，形态变化大；触角短小，刚毛状；前翅革质，后翅膜质；后足胫节有棱脊，棱脊上生有 3~4 列刺状毛是本科的主要特征。能飞善跳，有趋光性。成虫产卵于寄主组织内；有些种类传播植物病害，是重要的农林害虫。全世界已记录 20 000 余种，我国已记录 1000 余种。

蜡蝉科 Fulgoridae。体中型至大型，体色美丽；头圆或伸长似象鼻状；翅发达，前翅端区脉多分叉，横脉多呈网状；后翅臀区翅脉也呈网状。全世界已记录 700 余种，我国已记录 20 余种。多数种类能分泌蜡质，故称为蜡蝉。多为树木害虫。

负蝽科（田鳖科）Belostomatidae。体大型，卵圆形，体通常较扁平；触角前 3 节一侧具叶状突起，略呈鲍片状；前翅整个具不规则网状纹，膜区脉序也呈网状；前足捕捉足，中后足游泳足；腹末呼吸管短而扁。多生活于静水中，捕食性。有些种类的雌虫产卵于雄虫背上，故称负子蝽。全世界已记录 140 余种，我国已记录 7 种。

蝎蝽科 Nepidae。体大型，细长，似蝎状；头小，常陷入前胸内；触角第 2、3 节或具指状突起；前胸背板延长呈颈状；前足捕捉足，中后足细长，适于步行，是水生类群中唯一不具泳足的种类；腹末呼吸管长。水生，喜欢生活在静水中，在水底或水草上爬行。捕食性，取食各种小型水生动物。本科全世界已记录 230 余种，我国已记录 16 种。

黾蝽科 Gerridae。体小至中大型，体形变化大，通常为狭长形；腹面常密被银白色的拒水毛；前足短，用于捕捉食物；中后足很长，跗节被有银白色拒水毛。生活于水流缓慢处的水面，捕食水面上的其他昆虫。全世界已记录 500 余种，我国已记录约 80 种。

龟蝽科 Plataspidae。体小型至中型；身体前窄后宽，呈梯形或倒卵圆形，后缘多少平截；腹面平坦而背面圆隆；中胸小盾片极度发达，遮盖整个腹部。多栖息于植物的枝条上群集危害。全世界已记录 500 余种，我国已记录 90 余种。

盾蝽科 Scutelleridae。体小型至中型；身体前宽后窄，卵圆形；腹面平坦而背面圆隆；许多种类具鲜艳的色彩和花斑；中胸小盾片极度发达，遮盖整个腹部。植食性，喜欢危害果实。全世界已记录 450 余种，我国已记录约 40 种。

荔蝽科 Tessaratomidae。体大型，多为扁平椭圆形；常褐色、黄褐色、绿色等；触角通常 4 节；前胸背板宽大，后缘有时向后伸展；小盾片发达，顶端多呈舌状，伸达前翅膜区的基部。植食性。全世界已记录 230 余种，我国已记录 26 种。

蝽科 Pentatomidae。体小型至大型，扁平椭圆形；体色多变；触角通常 5 节；前胸背板六边形；小盾片发达，但仅盖住腹部长度的 1/2；膜区上一般有 5 条纵脉，多从一基脉上发出。多数植食性，少数捕食性。全世界已记录 4100 余种，我国已记录 360 余种。

缘蝽科 Coreidae。体小型至大型，多为狭长形，两侧缘平行；褐色或绿色；膜片上有 5 条以上平行纵脉，基部常无翅室；有些种类前胸背板的侧角扩展呈奇形怪状；前翅爪片长于小盾片，爪片的结合缝明显；许多种类的后足腿节膨大，后足胫节有时弯曲。大多数种类植食性，许多种类为重要的农业害虫。全世界已记录 1800 余种，我国已记录约 200 种。

红蝽科 Pyrrhocoridae。体中型至大型，狭长形或椭圆形；多数为鲜红色，前翅常具 2 个黑斑；触角 4 节，无单眼；前胸背板具薄而上卷的侧边；前翅膜片具多条纵脉，多分支或形成不规则的网状，基部形成 2~3 个较大翅室。植食性。多生活于植物上或在地面爬行，多危害柑橘、葡萄、锦葵科植物等，喜取食果实和种子。全世界已记录约 300 种，我国已记录近 40 种。

盲蝽科 Miridae。体小型至中型，体形相对纤弱，多为长卵圆形；足常易断落；触角 4 节，喙 4 节，无单眼；前翅有膜片，膜片仅有 1~2 个翅室，但无纵脉。大多数植食性，少数捕食性。多生活于植物上，行动活泼，善飞翔。喜食植物繁殖器官，许多种类是重要的农业害虫。全世界已记录约 10 000 种，我国已记录约 560 种。

网蝽科 Tingidae。体小而扁；前胸背板和前翅布满网状花纹；前胸背板向前突出形成"头兜"，向后突出遮盖小盾片，向侧突出形成"侧叶"；前翅质地均为革质，无膜片。植食性，喜欢成小群停栖在植物叶片背面。多个种类为重要的农林害虫。全世界已记录 2000 余种，我国已记录 170 余种。

长蝽科 Lygaeidae。体小型至中型，长椭圆形；触角 4 节，有单眼，跗节 3 节；前翅无膜片，膜片上有 4~5 条不明显的纵脉。多为植食性，少数为捕食性。常栖息于低矮植物、苔藓、石缝、枯枝落叶中，危害作物。

花蝽科 Anthocoridae。体微小或小型，长椭圆形；通常有单眼；喙 4 节，第 1 节极短小，看似 3 节；前翅具明显膜片和缘片。因常活动于花上得名。多为捕食性，捕食蚜虫、蚧壳虫、木虱、蓟马、螨类、鳞翅目卵及初孵幼虫等。本科已记录 500 余种，我国已记录约 90 种。

猎蝽科 Reduviidae。体小型至大型，强悍，多为长椭圆形；红色或黑色；头部细长，在眼后缢缩成颈状；喙 3 节，粗短而弯曲，不贴于腹部；前胸背板上具 1 条横沟。前翅基部具 2 个基室，由此发出 2 条纵脉；腹部中段常膨大。捕食性，活动在灌木丛、田间、果树、草丛中。重要的昆虫天敌。全世界已记录约7000种，我国已记录约400种。

**（14）鞘翅目 Coleoptera**

通称甲虫。

①识别特征。口器咀嚼式，上颚发达；前翅强烈骨化、坚硬，为鞘翅；后翅膜质，休息时折叠于鞘翅下，翅脉减少；前翅背板体壁坚硬，前翅几丁质化；触角形状多变，通常为丝状、鳃片状、膝状等。

②生物学特性。一般为全变态，部分为复变态。幼虫体形变化较大，有蛃形、蛴螬形、象甲形等。多数种类雌雄异形。裸蛹。植食性（多数）、肉食性、寄生性或腐食性（粪食性和尸食性）。不少具假死性。

③危害及应用价值。不少为农、林、园艺、贮粮害虫，也有不少为益虫，与人类的关系密切。

④分类概况。全世界已记录35万种，我国已记录1万余种。

⑤重要科识别。鞘翅目的重要科有虎甲科、步甲科、龙虱科、豉甲科、隐翅虫科、葬甲科等，识别特征如下：

虎甲科 Cicindelidae。体中型，色鲜艳并具金属光泽；头下口式，比前胸宽；复眼大而突出；触角着生在复眼之间；鞘翅上无纵沟或刻点列，后翅发达，善飞。肉食性。成虫善于疾走，白天活动，喜在田坎、河边捕食小虫，是一类重要的天敌昆虫。幼虫穴居。全世界已记录约2000种，我国已记录120余种。

步甲科 Carabidae。体小型至大型，体色多变；头前口式，比前胸窄；触角位于上颚基部；鞘翅上具纵沟或刻点列，后翅常退化不善飞行。其中不少是重要的天敌昆虫。成虫和幼虫喜栖息于砖石、落叶、土中，昼伏夜出。肉食性。全世界已记录28 000余种，我国已记录1700余种。

龙虱科 Dytiscidae。体小型至大型，扁平，椭圆形，背腹两面均隆起，光滑具光泽；触角长，丝状；复眼较发达；下颚须短于触角；成虫足较短，后足为游泳足并远离中足，雄性前足特化成抱握足。成虫、幼虫均水生。捕食性。全世界已记录4000余种，我国已记录230余种。

豉甲科 Gyrinidae。体小型至中型，体扁平而光滑，多为黑色、蓝黑或暗绿色；触角短，不及前胸背板前缘；复眼分上下2个；前足最长，中后足极短并接近。水生，成虫多在水面漂浮并打转。捕食性。全世界已记录900余种，我国已记录约44种。

隐翅虫科 Staphylinidae。体微小至中型，多为狭长形或卵圆形；触角通常11节，丝状；鞘翅一般极短，平截，露出3节或更多腹节背板；腹部各节能自由活动；跗节多为5-5-5。多生活在枯枝落叶中、水边，多为捕食性，有些种类是重要的害虫天敌，也有菌食性或取食朽木的种类。全世界已记录约47 000种，我国已记录约2000种。

葬甲科 Silpidae。体中型；卵圆形或稍长形；触角末3节膨大；鞘翅短，末端多少平截，常露出1~2节腹部背板；多为腐食性，成虫、幼虫常取食动物的粪便或尸体。全世界已记录175余种。

水龟虫科 Hydrophilidae。体小型至大型，表面光滑，体型似龙虱，但仅背面隆起；触角短，端部 3 节锤状；3 对足均细长，胫节上具长的端距；后胸腹板具中脊突。水生，多取食腐烂植物或粪便，幼虫多捕食性。全世界已记录 2000 余种。

阎甲科 Histeridae。体多呈卵圆形，强烈隆凸，多为黑色；触角略呈膝状，通常 10 或 11 节；头部通常向后深缩在前胸背板中；鞘翅有刻点列，后缘平截，常有 1~2 腹节外露。主要生活在腐败物和粪便下捕食蝇蛆，也有些类群生活在树皮下或树干中捕食蛀虫。目前的分类系统中，鳃金龟、丽金龟、花金龟、粪金龟、蜣螂、犀金龟、臂金龟为金龟科 Scarabaeidae 的亚科，本文为分类方便，仍将其作为科处理。全世界已记录约 3000 种。

鳃金龟科 Melolonthidae。体小型至大型，多为卵圆形；体色较单调，多为棕色、褐色或黑褐色；触角鳃片状，鳃片部由 3~8 节组成，但多为 3 节；鞘翅常有 4 条纵肋，后翅常发达。植食性。成虫危害植物的地上部分，幼虫生活于土中，危害植物的地下部分，其中有不少是重要的农林害虫。全世界已记录 10 000 余种，我国已记录 500 余种。

丽金龟科 Rutelidae。体小型至大型，以中型者居多；体色多鲜艳，具古铜、铜绿、墨绿、蓝、黄等金属光泽，有的种类体色单调；触角鳃片部由 3 节组成；鞘翅基部外缘不凹入；3 对足的爪大小不等，前、中足的大爪端部常裂为 2 支。植食性。成虫危害植物的地上部分，幼虫危害植物的地下部分，其中有不少是重要的农林害虫。全世界已记录近 3000 种，我国已记录近 400 种。

花金龟科 Cetoniidae。体中型至大型，体色鲜艳，多具星状花斑；鞘翅前宽后窄，外缘近基部凹入；3 对足的爪大小相等。成虫多取食树汁或访花，幼虫一般取食腐殖质。许多种类具有观赏性。全世界已记录近 3000 种，我国已记录约 200 种。

粪金龟科 Geotmpidae。体中型至大型，多呈椭圆形、卵圆形或半球形；体色多为黑色，不少种类具蓝色金属光泽；鞘翅多有深而明显的纵沟纹；小盾片发达；爪成对，简单。成虫、幼虫均以哺乳动物粪便为食。成虫多栖于粪堆下，将粪便运送到洞中产卵。全世界已记录约 600 种，我国已记录近 100 种。

金龟科 Scarabaeidae。体小型至大型，卵圆形至椭圆形；体色多为黑色、黑褐色；头部及前胸背板生有各式突起；小盾片通常不可见。大多有性二型现象。成虫、幼虫均以动物粪便为食，成虫常有"滚粪球"习性。全世界已记录 2300 余种。

犀金龟科 Dynastidae。体多为大型，体态奇特；上颚多少外露而于背面可见；前胸腹板从基节之间生出柱形、三角形、舌形等垂突；雄性头部、前胸背板有强大的角突，而雌性则正常或仅有低矮的突起。成虫取食树汁，幼虫一般取食土中腐殖质或植物根部。性二态现象在许多属中显著，雄虫极具观赏价值，常被制作成各种工艺品。全世界已记录 1400 余种，我国已记录约 33 种。

臂金龟科 Euchiridae。本科多为特大型种类；体色多样，或具金绿、墨绿、金蓝艳丽光泽；前胸背板很宽，两侧极度向外扩展，侧缘有深密锯齿；前足，尤其是雄虫的前足特别发达、伸长，为本科显著的特征。成虫取食树汁，幼虫一般取食腐殖质。全世界已记录约 20 种，我国已记录约 4 种，全部为国家重点保护种类。

锹甲科 Lucanidae。体中型至特大型，形态奇特；体色多为黑色、棕色或褐色；触角肘状，上颚发达（尤以雄虫的上颚特别发达），多呈似鹿角状而区别于其他各科。成虫取食树汁或叶芽，幼虫取食朽木。性二型现象显著。常被制成工艺品或当宠物饲养。全世界已记录800余种，我国已记录约150种。

吉丁甲科 Buprestidae。体小型至中型；体色多鲜艳，有的具金属光泽；前胸与体后紧密相接，不可活动，无叩器；前胸后侧角较钝。植食性。幼虫俗称"串皮虫"，在树木形成层中取食危害，串成曲折的隧道，多数种类为果树和林木的害虫。全世界已记录约13 000种，我国已记录450余种。

叩甲科 Elateridae。体小型至大型；体色多灰暗；前胸和中胸之间接触不紧，能活动；前胸腹板腹后突尖锐，插入中胸腹板的凹沟内，形成叩头关节；前胸背板后侧角尖锐。植食性。成虫取食植物地上部分，幼虫俗称"金针虫"，生活于土中，危害植物根部，有不少种类是重要的地下害虫。

萤科 Lampyridae。体小型至中型，体扁而柔软；体色多黑色、红褐色或褐色；头隐藏于前胸背板下，前胸背板多为半圆形；腹部末端2节（雄）或1节（雌），可发光；雌虫多缺翅。成虫、幼虫均捕食性。一般多发生在水边和温暖潮湿的地方。可作为景观昆虫和环境指示昆虫。全世界已记录1400余种，我国已记录约74种。

花萤科 Cantharidae。体小型至中型，身体柔软可弯曲；体色蓝、黑、黄等；前胸背板薄而软，多为方形或长方形，周缘通常色淡；鞘翅通常狭长而柔软，少数种类为短翅型；腹部外露。成虫、幼虫均捕食性。成虫多见于花草丛中，幼虫多生活于潮湿的落叶层或苔藓、树皮下。全世界已记录3500余种，我国已记录约240种。

郭公甲科 Cleridae。体小型至中型，体长圆筒形居多；密被竖毛；体色黑、红、绿等，并有金属光泽；头较大，三角形或近方形；触角11节，棍棒状，少数锯齿状或栉齿状；下唇须末节斧状；鞘翅两侧平行，表面毛长且密。成虫、幼虫均为捕食性。成虫有一定趋光性，幼虫多生活于树皮下。

露尾甲科 Nitidulldae。体小型至中小型，体较宽扁；黑色或褐色；触角短，11节，端部3节明显膨大；鞘翅较短，一般腹末2~3节背板外露。成虫、幼虫均食腐败植物组织，有些种类的成虫访花或取食树汁。全世界已记录3000余种，我国已记录近100种。

拟叩甲科 Languriidae。体小型至中型，体狭长似叩甲；光滑具金属光泽；触角11节，端部数节常膨大呈棒状；前胸背板与中胸之间不能活动，前胸背板后侧角不甚突出；前足基节窝后方开放；跗节隐5节。植食性。成虫多在灌丛叶面活动。全世界已记录800余种，我国已记录约70种。

大蕈甲科 Erotylidae。体小型至中型，体长形或卵圆形；触角11节，端部3节膨大成棒槌状；前足基节窝关闭；跗节隐5节。成虫、幼虫均为菌食性。全世界已记录约3000种，我国已记录170余种。

瓢甲科 Coccinellidae。体较小，半球形；多数种类色彩鲜艳，并有明显斑点；触角较短，多数11节，端部数节膨大呈棒槌状；足短，跗节为隐4节。多数为捕食性，少数为植食性、菌食性。其中有不少种类是重要的天敌昆虫。全世界已记录近5000种，我国已记录650余种。

伪瓢虫科 Endomychidae。体小型至中小型，体多为长椭圆形；鞘翅上常有对称的黑色大斑点；触角较长，多数 11 节，端部 3 节膨大成扁棒状，两触角之间的距离较近；前胸背板前角显著突出；足较长，跗节隐 4 节。常见于朽木皮下或真菌上。成虫有聚居习性，并能分泌难闻的气味。全世界已记录 1300 余种。

拟步甲科 Tenebrionidae。体小型至大型，体壁坚硬，体形多变；前唇基明显；鞘翅有发达的假缘折；跗节 5-5-4，前足基节窝后方关闭。成虫多植食性，幼虫多取食朽木等。部分种类为重要的农林害虫或仓储害虫。全世界已知 25 000 余种，我国已记录约 2000 种。

芫菁科 Meloidae。体中型，一般长形；体色多变，黑色、灰色、褐色、黄褐色等；头部较圆，向下弯曲，头后缢缩成颈；触角丝状或锯齿状；鞘翅柔软，两鞘翅末端通常分裂开；跗节 5-5-4。复变态昆虫。成虫多取食植物，幼虫取食蝗虫卵或寄生蜂巢。全世界已记录 2500 余种，我国已记录约 130 种。

天牛科 Cerambycidae。体小型至大型，长筒形；体色多样；复眼多肾形，环绕在触角基部；触角很长，多数 11 节，丝状；胸部具发音器；跗节 5-5-5。通常成虫取食嫩茎、叶，幼虫钻蛀危害。全世界已记录 25 000 余种，我国已记录 2200 余种。

叶甲科 Chrysomelidae。体小型至中型，长形或卵圆形；体色鲜艳或有金属光泽。触角多数 11 节，短于体长的 1/2，丝状、栉齿状；部分种类腿节极膨大，善跳；跗节隐 5 节。植食性。成虫主要取食植物的花和叶，幼虫食叶、食根或蛀茎，许多种类是重要害虫。全世界已记录 26 000 种，我国已记录 1500 余种。

铁甲科 Hispidae。体小型至中型，有两种体形；体长形，表具粗大的瘤突或枝刺；体卵圆形，前胸背板和鞘翅向外扩展形成敞边。体侧部延展。成虫、幼虫均植食性。幼虫潜生或露生。全世界已记录 7000 余种，我国已记录约 417 种。

锥象科 Brentidae。体小型至大型，体长筒形，两侧平行；喙细长，前伸约与前胸等长；跗节 4-4-4。成虫植食性，幼虫钻蛀生活。全世界已记录 1300 余种，我国已记录近 50 种。

长角象科 Brentidae。体小型至中型，体长筒状；喙短；触角或长或短，短型触角通常不超过前胸背板长度，末 3 节通常稍膨大，长型触角一般超过体长，丝状；跗节 5-5-5。成虫植食性，幼虫多钻蛀生活。全世界已记录近 3000 种，我国已记录近 100 种。

卷象科 Attelabidae。体小型至中型；体背无鳞片，体色鲜艳具光泽；头具长喙或头后部缢缩成细长的颈；前胸比鞘翅窄很多；鞘翅宽而短，两侧近平行；跗节 5-5-5。植食性。成虫卷叶成筒状，产卵其中，幼虫在叶筒内取食。全世界已记录约 5000 种，我国已记录 250 余种。

象虫科 Curculionidae。体微小至大型，多为长梭形；体表多被鳞片；触角膝状；喙长短不一；跗节 5-5-5。成虫和幼虫均为植食性。不少种类为重要的农业害虫。全世界已记录近 50 000 种，我国已记录 1200 余种。

**(15) 广翅目 Megaloptera**

包括泥蛉、鱼蛉或齿蛉等。

①识别特征。体大型；咀嚼式口器；前口式；上颚发达，许多种类极长；触角长，丝状、锯状或栉齿状；前胸背板宽大，呈方形；翅膜质，前翅大，后翅臀区扩大，翅脉多，

但在外缘处不分叉；跗节 5 节；无尾须。

②生物学特性。幼虫水生，生活于池塘及静流的水中，或生活于急流水的石下。成虫陆生，白天停息在水边岩石或植物上，夜晚飞翔，捕食蛾类等害虫。全变态。

③应用价值。成虫为农业害虫的天敌，幼虫可作为鱼的食料，有些种类的幼虫具有药用价值。

④分类概况。全世界已记录 300 余种，我国已记录 70 余种。

**(16) 蛇蛉目 Rhaphidioptera**

通称为蛇蛉。

①识别特征。体小型至中型，细长，多为褐色或黑色；头部延长，后端常缢缩变细，呈三角形，活动自如；触角丝状，口器咀嚼式；前胸极度延长呈颈状，中、后胸宽短；翅狭长，膜质，翅脉网状；雌虫具长针状产卵器。

②生物学特性。成虫可见于花、叶片、树干等处，捕食蚜虫、鳞翅目昆虫幼虫等；幼虫可见于树皮下，捕食小型昆虫。

③应用价值。天敌昆虫。

④分类概况。全世界已记录约 200 种，我国仅记录 9 种。

**(17) 脉翅目 Neuroptera**

包括草蛉、蚁蛉、螳蛉等。

①识别特征。体小型至大型；体壁通常柔弱，有时生毛或覆盖蜡粉；咀嚼式口器；复眼发达；触角类型多样；翅膜质透明，翅脉呈网状，前后翅大小、形状和翅脉均相似。

②生物学特性。成虫飞翔力弱，多具趋光性。多数种类陆生，少数水生。完全变态。许多种类的成虫、幼虫均为捕食性，是农业害虫的重要天敌。

③分类概况。全世界已记录 4500 余种，我国已记录 640 余种。

④重要科识别。脉翅目的重要科有螳蛉科、草蛉科、褐蛉科、蚁蛉科等，识别特征如下：

螳蛉科 Mantispidae。体中型至大型，形似螳螂；前胸极度延长，前足膨大成捕捉足；2 对翅相似，翅痣长而明显；幼虫寻找寄生蜘蛛卵囊，少数寄生在胡蜂巢内。全世界已记录约 400 种，我国已记录 40 余种。

草蛉科 Chrysopidae。体小型至中型，细长而柔弱；草绿色、黄色或灰白色；触角长丝状；复眼相距较远，具金属光泽；前翅的前缘区有 30 条以下的横脉，末端不分叉；成虫、幼虫主要捕食蚜、螨、介壳虫，以及鳞翅目、鞘翅目昆虫的卵和幼虫。世界已记录 12 000 余种，我国已记录 240 余种。

褐蛉科 Hemerobiidae。体小型至中型；体褐色或前翅有褐色斑纹；触角长，念珠状；无单眼；前翅前缘区横脉多，末端分叉。成虫、幼虫均为捕食性，常见于林间，捕食蚜虫、蚧壳虫、粉虱、木虱等。我国已记录 110 余种。

蚁蛉科 Myrmeleonidae。体大型，形态与豆娘很相似；触角短，等于头部与胸部长度之和，末端膨大；翅狭长，翅痣不明显，翅痣下室极长。成虫、幼虫均为捕食性。幼虫大多数种类在地面或埋伏沙土中伏击猎物，不少种类筑漏斗状的陷阱捕获猎物。幼虫可入药。

蝶蛉科 Ascalaphidae。体大型，极似蜻蜓；触角极长，几乎等于体长，端部膨大呈球杆状，形似蝴蝶的触角；复眼甚大，似蜻蜓的复眼。成虫、幼虫均捕食小虫，但幼虫不筑陷阱。全世界已记录 400 余种，我国已记录 30 余种。

**(18) 毛翅目 Trichoptera**

①识别特征。体小型至中型，体形似蛾；口器咀嚼式，极度退化，仅下颚须和下唇须明显；复眼发达；触角长丝状，有的长于体长；前翅狭长，翅脉接近原始脉序，休息时翅呈屋脊状覆于体背；翅面和身体上被细毛。

②生物学特性。全变态。成虫常见于溪水边，多在黄昏和夜晚活动。通常不取食固体食物，但可吸食花蜜和露水。幼虫水生，可结各种类型的可移动巢，喜在清洁的水中生活。

③应用价值。为淡水养鱼的食料，少数种类的幼虫危害水稻。幼虫对水中的溶解氧较为敏感，对某些有毒物质的忍受力较差，可作为监测水质的指示昆虫。

④分类概况。全世界已记录 10 000 余种，我国已记录 850 余种。

**(19) 鳞翅目 Lepidopera**

包括蛾类和蝶类。

①识别特征。口器虹吸式；翅 2 对，膜质，其上被鳞片。

②生物学特性。完全变态。陆生。成虫取食花蜜、果汁、树汁；幼虫多为植食性，少数为捕食性（如某些灰蝶科种类）和寄生性（寄蛾科）。蛾类多夜晚活动，具趋光性，蝶类白天活动；不少种类雌雄二型；部分蛾、蝶具有迁飞习性。

③分类概况。全世界已记录 20 多万种，我国已记录近 8000 种。

④重要科识别。鳞翅目的重要科有凤蝶科、绢蝶科、粉蝶科、眼蝶科、卷蛾科、透翅蛾科、尺蛾科、枯叶蛾科等，识别特征如下：

凤蝶科 Papilionidae。体多大型；色彩鲜艳，底色多为黑色、黄色，有蓝、绿、红等颜色的斑纹；翅大，三角形；前翅径脉 5 条，臀脉 2 条；后翅具臀脉 1 条，外缘呈波状，多数种类具尾突。有些种类性二型现象明显。幼虫多危害芸香科、樟科、伞形花科及马兜铃科植物。全世界已知 548 种，中国已知 94 种，其中有些种类为国家重点保护动物。

绢蝶科 Parnassiidae。体多中型；色彩素淡，白色或蜡黄色；翅半透明，有黑色、红色斑点；前翅径脉 4 条，无臀横脉；后翅无尾突，后缘通常向内明显弯弓。本科种类多高海拔山区，耐寒力强，少数分布在低海拔山顶。全世界已记录 52 种，我国已记录 35 种。

粉蝶科 Pieridae。体通常中型；色彩素淡，白色或黄色，翅上常有黑色或红色斑纹；前翅三角形，后翅卵圆形，无尾突；前足发育正常，爪二分叉。不少种类有性二型现象。幼虫常危害十字花科、豆科、白花菜科及蔷薇科植物。全世界已记录 1200 余种，我国已记录 130 余种，有些种类是蔬菜或果树的害虫。

眼蝶科 Satiridae。体小型至中型；体色多暗淡，多为灰褐色、黑褐色、黄褐色等。翅的正反面具醒目眼状斑或圆斑；前足退化，无爪，毛刷状；幼虫多危害禾本科植物。全世界已记录 3000 种，我国已记录 260 余种。

斑蝶科 Danaidae。体中型至大型；色彩鲜艳美丽，一般黄色、红色、黑色、白色，有的有闪光。前翅中室长而封闭，径脉 5 条；后翅肩脉发达，无尾突；前足退化，折叠于前胸下，无爪。幼虫多危害萝藦科植物、夹竹桃等。全世界已记录 150 余种，我国已记录约 32 种。

环蝶科 Amathusiidae。体中型至大型；颜色多为黄色、棕色、灰色，翅上有大型的环状纹；翅大而宽阔，前翅前缘明显弧形弯曲，后翅臀区大而凹陷，无尾突；前足退化，折于前胸下，无爪。寄主为单子叶植物。全世界已记录 80 种，我国已记录 14 种。

蛱蝶科 Nymphalidae。体中型至大型；色彩鲜艳，花纹复杂；触角锤部大；翅的外缘多呈波状；前翅 R 脉 5 条，常共柄；前足退化，折于前胸下，无爪。寄主植物很多。全世界已记录约 4000 种，我国已记录约 288 种。

蚬蝶科 Riodinidae。体小型，美丽（由灰蝶科分出）；复眼与触角接触处有凹缺；后翅肩角加厚，有肩脉，无尾突。寄主主要为禾本科、紫金牛科植物。全世界已记录 1300 余种，我国已记录 26 种。

弄蝶科 Hesperiidae。体小型至中型；色彩多暗淡，身体粗壮多毛；触角端部略粗，明显呈弯钩状，末端尖细；前翅三角形，径脉 5 支，无共柄。幼虫主要危害禾本科、豆科植物。全世界已记录 3500 余种，我国已记录 212 种。

灰蝶科 Lycaenidae。体小而美丽，翅正面通常红、橙、蓝、绿、紫、古铜色等，颜色单调而有光泽，翅背面的颜色与正面不同；触角各节具白色环纹；后翅常具 1~3 条细而长的尾突。寄主多为豆科植物。全世界已记录 4000 余种，我国已记录 260 余种。

蓑蛾科 Psychidae。体小型至大型；翅面几乎无任何斑纹；雌雄异型，雄蛾具翅，翅面几乎无斑纹，触角栉齿状；雌蛾大多无翅，多为幼虫型，生活在幼虫所筑的巢内。幼虫可用丝将叶片和小枝缠裹在一起做成可携带的囊套，生活于其中。全世界已记录 600 种，我国已记录 20 余种。

木蠹蛾科 Cossidae。体小型至大型，体粗壮，腹部长；翅灰色、褐色，体一般具浅灰色斑纹；触角常为双栉状，少数单栉状或丝状；翅脉完整，M 脉发达，常在中室内分叉。幼虫多蛀食树木的木质部。全世界已记录 700 余种。

卷蛾科 Tortricidae。体小型至中型；通常色彩暗淡，多为褐、黄、棕、灰等色，并有条、斑纹或云斑；前翅略呈长方形，肩区发达，前缘通常弯曲（近基部凸弯，近端部凹弯），休息时平叠于体背上呈吊钟状；头部有竖立的鳞毛；下唇须第 1 节常被有厚鳞，呈三角形；触角一般丝状。幼虫隐藏生活，可卷叶、潜叶、蛀茎或形成虫瘿。许多种类是主要的农林害虫。全世界已记录 5000 余种，我国已记录约 500 种。

透翅蛾科 Sesiidae。体小型至中型；色彩鲜艳；翅极狭长，通常有无鳞片的透明区，极似蜂类。白天活动。幼虫钻蛀树木、灌木或危害草本植物。全世界已记录 1000 余种，我国已记录 93 种。

斑蛾科 Zygaenidae。体小型至中型，身体光滑，翅阔；色彩鲜艳，多有金属光泽，少数暗淡；翅面鳞片稀薄，常呈半透明状；前翅中室长，中室内有 M 主干，$R_5$ 脉独立。多为日出型。全世界已记录 800 种，我国已记录 140 余种。

刺蛾科 Limacodidae。体中型，粗壮，翅短、阔、圆；身体和前翅密生绒毛和厚鳞，大多黄褐色、暗灰色和绿色；雄性触角双栉齿状，雌性的丝状；喙退化或消失；纵脉主干在中室内存在，并常分叉；前翅 $R_3$、$R_4$ 与 $R_5$ 共柄或合并。幼虫粗短，蛞蝓状，短粗，腹足由吸盘取代，体表常有毛疣或枝刺。化蛹前常吐丝结硬茧，有些种类的茧上具花纹，形似雀蛋。幼虫大多取食阔叶树叶，少数危害竹秆和水稻，其中有不少是重要害虫。全世界已记录约 1000 种，我国已记录 90 余种。

螟蛾科 Pyralididae。体小型至中型，细长，脆弱，腹部末端尖削；下唇须向前伸出很长，喙发达；后翅 $Sc+R_1$ 与 Rs 在中室外短距离愈合或极其接近是该科的鉴别特征。幼虫隐蔽取食，蛀茎或缀叶。本科是鳞翅目中的一个大科，全世界已记录约 30 000 种，我国已记录 2000 余种。

尺蛾科 Geometridae。体通常中型，细长，纤弱；翅阔，常有细波纹，停歇时翅平放；前翅 $R_5$ 与 $R_3$、$R_4$ 共柄，后翅 Sc 基部常强烈弯曲；幼虫称尺蠖，细长，仅第 6 节和第 10 节具腹足，爬行时一曲一伸。许多种类是重要的树木害虫。全世界已记录约 20 000 种，我国已记录约 2000 种。

波纹蛾科 Thyatiridae。体中型，体形与夜蛾相似，因翅膀常有波浪状斑纹而得名；触角为扁柱形或扁棱柱形；下唇须小。前翅中室后缘翅脉三叉式，$M_2$ 的基部居中或接近 $M_1$ 脉。幼虫取食树木叶片。全世界已记录 200 余种，我国已记录 80 余种。

枯叶蛾科 Lasiocampidae。体中型至大型，身体粗壮，被厚毛；触角双栉齿状，下唇须常前伸或上举；后翅肩区非常发达，因静止时形似枯叶状而得名。幼虫大多取食树叶。全世界已知 220 余种，我国记录约 200 种。

天蚕蛾科 Saturniidae。最大型的蛾类，翅展最大可达 210 mm；触角双栉齿状，喙退化，下唇须小；翅宽大，中室端部常有不同形状的眼斑或月牙形斑，部分种类后翅臀角延伸呈飘带状。幼虫大多取食木本植物。全世界已知约 1300 种，我国已知约 58 种。

萝纹蛾科 Brahmaeidae。体中型至大型，形似天蚕蛾；触角双栉齿状，喙发达，下唇须很大；翅宽大，翅色浓厚，有许多复杂而醒目的箩筐条纹和波状纹。幼虫主要寄生在木樨科植物上。全世界已知约 20 种。

蚕蛾科 Bombycidae。体中型；触角双栉齿状；喙完全退化；翅宽大，前翅外缘波状，顶角常外突呈钝圆形，或外突较长并向下弯曲形成钩状；后翅外缘近中部通常内凹呈圆弧形，近臀角处有半月形双色斑；幼虫身体光滑，化蛹前吐丝结茧。全世界已知约 60 种，我国已知约 28 种，其中家蚕是世界著名的丝蚕。

天蛾科 Sphingidae。体中型至大型，体粗壮，纺锤形，末端尖；色彩较鲜艳；头较大，喙发达，很长；前翅狭长，顶角尖锐，外缘倾斜，后翅较小，近三角形。幼虫可危害余种植物。全世界已知 1050 种，我国已知约 187 种。

舟蛾科 Notodontidae。体中型，大多褐色或暗色，少数洁白或其他鲜艳颜色；触角常双栉齿状，喙不发达，无下颚须；前翅 $M_2$ 居中或靠近 $M_1$；后缘亚基部常有后伸鳞片簇。幼虫多危害阔叶树树叶。全世界已知 2500~3000 种，我国已知 370 余种。

毒蛾科 Lymantriidae。体大多中型，肥胖，翅面宽大；颜色以灰、褐、黄、白者居多；触角双栉齿状；复眼发达，无单眼；喙退化；翅较宽阔，后翅 $Sc+R_1$ 凡在中室前缘 1/3 处与中室接触或接近，然后又分开，形成封闭或半封闭的基室；腹部被长鳞毛，雌蛾腹末常有大毛丛；各足密被细毛，休息时前足伸在身体前方；幼虫体被长短不一的毒毛，在瘤上形成毛束或毛刷。大多危害树木的叶片。全世界已知约2700种，我国已知360余种。

苔蛾科 Lithosiidae。体中型，很像灯蛾；前翅狭窄，后翅更宽而圆；后翅Sc基部变粗，常与Rs有一段愈合。幼虫多数取食地衣。全世界已知约2000种。

灯蛾科 Arctiidae。体中型，体色鲜艳，通常为红色或黄色，且多具条纹或斑点；后翅$Sc+R_1$与Rs愈合至中室中央或中央以外，$M_2$靠近$M_3$脉；幼虫取食植物叶片，初龄幼虫有群集性。全世界已知3000余种，我国已知约300种。

鹿蛾科 Ctenuchidae。体小型，外形似斑蛾或蜂类；喙发达；翅面常缺鳞片，形成透明窗；前翅狭长，后翅显著小于前翅；腹部常具斑点或斑带。成虫多为日出型，常在花丛中吮吸花蜜，休息时翅张开。全世界已知2000余种。

夜蛾科 Noctuidae。体中型至大型，体粗壮多毛，颜色通常灰暗；触角大多丝状或锯齿形。前翅多具色斑，肘脉多四叉型；后翅多为白色或灰色，肘脉四叉型或三叉型。幼虫多数仅具原生刚毛，多取食植物叶片。成虫夜出型，有趋光性。本科是鳞翅目中最大一科，全世界已知25 000余种，我国已知2000余种，其中不少是农业重要害虫。

**（20）长翅目 Mecoptera**

①识别特征。体中型，细长；头向腹面延伸成宽喙状；口器咀嚼式；触角长，丝状；前、后翅大小、形状和翅脉均相似。雄虫有明显的外生殖器。

②生物学特性。成虫杂食性，主要取食小昆虫，也取食花蜜、花粉、果汁等；幼虫腐食性或植食性。

③分类概况。全世界已知500余现生种，以及348个化石种。

④重要科识别。长翅目的重要科有蝎蛉科、蚊蝎蛉科，识别特征如下：

蝎蛉科 Panorpidae。体中小型，体色多黄褐色；翅面常具色斑、色带；雄外生殖器球状，上举，似蝎尾。成虫主要取食死亡的软体昆虫。全世界已知290种。

蚊蝎蛉科 Bittacidae。体较大，黄褐色，外形极似大蚊；足细长，跗节捕捉式；雄外生殖器不呈球状。成虫主要捕食小型昆虫。全世界已知约150种。

**（21）双翅目 Diptera**

①识别特征。体微小至大型，体上多细毛；复眼发达，雌虫多为离眼式，雄虫多为接（合）眼式；口器刺吸式或舐吸式；触角多变，主要呈两种类型：细长节多（多达84节）、短而节少（3节）；翅1对，翅脉简单，后缘基部通常有1~3个小型的翅瓣；后翅特化成平衡棒。

②生物学特性。全变态。幼虫头式有3种：全头式、半头式、无头式。蛹为裸蛹（蚊类）或围蛹（蝇类）。生殖方式多，有卵生、卵胎生、孤雌生殖、幼体生殖。食性杂，寄生性、捕食性、腐食性等。

③危害及应用价值。有的危害作物，有的传播疾病，有的是害虫的天敌。

④分类概况。世界上已知8.5万种，我国记录4000余种。

⑤重要科识别。双翅目的重要科有大蚊科、蚊科、蛾蠓科等，识别特征如下：

大蚊科 Tipulidae。体中型至大型，体细长少毛；灰褐色、黑褐色，或黄色有斑纹；中胸背板具"V"字形沟；前翅狭长，基部较窄；后翅退化成平衡棒；足极细长，容易脱落。成虫白昼多见于阴湿场所。幼虫陆生、半水生或水生。有些种类是作物害虫。全世界已知 15 000 余种，我国记录 800 余种。

蚊科 Culicidae。体小型至中型；触角细长，有轮生的毛，雄虫触角上的环毛长而密；喙细长前伸。多数体翅及附肢具鳞片，胸部背面隆起，中胸背板无"V"字形沟。成虫多黄昏及夜晚活动，栖息时后足通常向上举起。雌成虫吸血，并传播疾病，是重要的卫生害虫。雄成虫取食花蜜及其他植物。全世界已知 4000 余种，我国记录 370 余种。

蛾蠓科 Psychodidae。体微小至小型，体表多毛或多鳞毛，似小蛾；触角长，与头胸约等长或更长，各节轮生长毛；翅阔，基部窄，端部或尖或圆，常呈梭形；翅缘和脉上密生细毛，少数还有鳞片。幼虫多为腐食性或粪食性，生活在朽木烂草及土中，有些生活在下水道中。成虫喜欢野外潮湿环境或室内，部分种类是重要的卫生害虫。全世界已知超过 1500 种。

蠓科 Ceratopogonidae。体小型，体、足相对粗短；体色常为褐色或黑色；触角细长；喙短；翅较短宽，常有斑纹。成虫吸血或取食植物汁液，幼虫水生或陆生。全世界已知 4000 余种，我国记录 360 余种，部分种类有吸血习性，侵袭人畜，传播疾病，是一类重要的卫生害虫。

毛蚊科 Bibionidae。体小型至中型，体粗壮多毛，多为黑色或黄褐色，常有红色或黄色斑纹；触角短粗而紧密，常比头短，个别属的种类触角长，约与身体等长；雄虫复眼大而紧接，雌虫复眼小而远离。成虫多白天停栖于植物上或访花，幼虫多于土中腐食性生活，部分种类幼虫危害农作物地下部分。全世界已知 700 余种，我国记录 120 余种。

舞虻科 Empididae。体小型至中型，体细长，多为黑色，或黄色有黑斑；喙一般长而坚硬；翅第 2 基室和盘室分开；爪间突刚毛状或完全缺失。捕食性。成虫常栖于潮湿处，吃较小的昆虫。幼虫生活在土壤、水或腐殖质中，也吃昆虫。全世界已知 4000 余种，我国记录 270 余种。

虻科 Tabanidae。体小型至中型，体粗壮；头部半球形，触角末节延长似牛轭状；复眼发达，雄虫为合眼式，雌虫为离眼式；喙短而坚硬；前翅具 1 个六边大翅室；爪间突发达，呈垫状；雌成虫吸家畜血液，传播多种人、畜流行疾病；雄成虫主要取食花蜜和花粉。幼虫生活在潮湿的土壤中或半水生，肉食性。全世界已知 3800 余种，中国已知 350 余种。

食虫虻科 Asilidae。体多中型至大型，粗壮多毛；头宽，有细颈，能活动，头顶在两复眼间下凹；复眼发达；触角 3 节，末节具端刺；口器细长而坚硬，适于刺吸；腹部细长；足细长多刺，爪垫大，爪间突刚毛状。捕食性，成虫常在林区捕食各种昆虫。幼虫生活在土中或朽木中，取食各种软体昆虫。常视作天敌昆虫。全世界已知约 5600 种，我国记录 250 余种。

水虻科 Stratiomyidae。体小型至大型，细长或粗壮，多毛但无鬃；体色鲜艳；头较宽，有颈，复眼发达，触角鞭节分 5~8 亚节，有时末节有一端刺或芒；前翅具 1 个五边形小翅室；前胸腹板与前胸侧板一般愈合形成基节前桥；足一般无距，爪间突垫状。成虫杂食性；幼虫水生或陆生，腐食性或捕食性。全世界已知约2600种，我国记录170余种。

长足虻科 Dolichopodidae。体小型至中型；通常金绿色，有较发达的柔毛；头稍宽于胸部，胸背较平，腹部向后逐渐变细；翅第2基室和盘室愈合；足细长。成虫、幼虫均捕食性。全世界已知约6000种，我国记录350余种。

蜂虻科 Bomybyliidae。体小型至大型，体粗壮多毛或细长少毛，前者似熊蜂，后者似姬蜂；喙通常细长；翅面有时有斑纹，翅第2基室端部3个角。成虫食性杂，幼虫寄生性或捕食性。全世界已知约5000种，我国记录约140种。

食蚜蝇科 Syrphidae。体小型至中型；体色鲜艳，常有黄、黑相间的横纹，似蜂；翅外缘有与边缘平行的横脉；R与M脉间有一条伪脉；成虫常在阳光下的花朵上聚集，取食花蜜及花粉。幼虫捕食蚜、介壳虫、叶蝉、蓟马、鳞翅目和脉翅目昆虫的小幼虫，少数是腐食性。全世界已知4000余种，我国记录300余种。

实蝇科 Trypetidae。体小型至中型；常有黄、棕、橙、黑等色；头大、颈细；翅面上常有云雾状斑纹，亚前缘脉(Sc)呈直角弯向前缘脉，中室2个，臀室三角形，末端呈锐角；雌虫产卵器细长。成虫常聚集在植物的花、果实或叶片上，取食花蜜及花粉，翅经常展开，并前后扇动。幼虫为植食性，多蛀食果实。全世界已知4000余种。我国记录约400种。不少种类是农业上的危险害虫，有些种类是重要的限制性检疫害虫。

甲蝇科 Trypetidae。体小型至中型，体略呈球形；头胸部几乎无鬃毛；小盾片特别发达，隆起呈半球形或卵圆形，常遮盖大部分或整个腹部，很像甲虫。幼虫取食植物叶表。全世界已知约3000种，我国记录500余种。

蝇科 Muscidae。体小型至中型，体较粗壮，多灰黑色并具黑色纵条纹；触角芒羽状；口器舐吸食；胸后小盾片不突出，下侧片无鬃。食性极复杂，绝大部分为腐食性和粪食性。许多种类是重要的卫生害虫。全世界已知约4200种，我国已知500余种。

丽蝇科 Calliphoridae。体中型至大型；体色艳丽，通常为金、绿、蓝、褐色，并有金属光泽；触角芒长羽状；口器舐吸式。前胸侧片中央凹陷具毛；具下侧片鬃。成虫喜访花，或在较脏乱的环境产卵。幼虫多腐食性，生活于动物尸体或粪便中。全世界已知1000种以上，我国已知150余种。不少种类是重要的卫生害虫。

麻蝇科 Sarcophagidae。体中型；体似丽蝇，但体色为暗灰色，胸部背面具黑色纵条纹，腹部常具黑斑，绝无金属光泽；触角芒裸或仅基半部羽毛状；口器刺吸式；背侧鬃4根。多数种类为卵胎生。幼虫取食腐败动植物或粪便。成虫可传播疾病，不少是重要的卫生害虫。全世界已知2500余种。我国已知270种。

寄蝇科 Tachinidae。体小型至中型，体较粗壮，多毛；多为暗灰色，并带褐色斑纹；触角芒多光裸；胸部后小盾片发达，突出；中胸翅侧片及下片鬃毛发达；腹部有许多粗大的鬃毛。幼虫多寄生于鳞翅目等昆虫体内，是重要的天敌昆虫。全世界已知3000余种，我国已知400余种。

**(22) 膜翅目 Hymenoptera**

①识别特征。体微小至大型；口器咀嚼式；触角9节或9节以上；翅2对，膜质，前大

后小，飞行时以翅钩相连；雌虫具针状或管状产卵器。

②生物学特性。全变态。离蛹。具多型现象、性二型现象。有些类群为社会性昆虫。植食性、寄生性或捕食性。

③危害及应用经济价值。是重要的天敌昆虫；访花种类是重要的传粉昆虫；少数危害植物。

④分类概况。全世界已知约12万种，我国已知2300余种。

⑤重要科识别。膜翅目的重要科有三节叶蜂科、叶蜂科、锤角叶蜂科、小蜂科、姬蜂科、茧蜂科等，识别特征如下：

三节叶蜂科 Argidae。体小型至中型，5~15 mm；触角3节，第3节长棒状或叉状；腹部不缢缩，通常产卵器短。幼虫多足型，有腹足6~8对，裸露食叶，大多生活在木本被子植物，特别是蔷薇科、杨柳科和桦木科植物上；成虫行动迟缓。全世界已知800种以上，我国已知约50种。

叶蜂科 Tenthredinidae。体长2.5~20 mm，常中等大小，较粗壮，色彩鲜艳；触角长，通常9节，少数7节或多达30节，丝状；前胸背板后缘向前深深凹入；腹部不缢缩，产卵器短；幼虫多足型，多裸露食叶。全世界已知5000余种，我国已知约336种。

锤角叶蜂科 Cimbicidae。体长7~35 mm；触角锤状，端部3节膨大并常愈合；腹部不缢缩；幼虫独栖性，多足型。本科已知130余种，我国记录41种。

树蜂科 Siricidae。体长12~50 mm；头方形或半球形，后头膨大；口器退化；触角12~30节，丝状；前胸背板短，无长颈；腹部不缢缩，腹末产卵器细长，伸出腹端很长；幼虫胸足退化，无腹足，在树木的木质部营钻蛀生活。成虫不取食。全世界已知约85种，我国记录约54种。

小蜂科 Chalcididae。体长2~9 mm；体坚固，多为黑色或褐色，并有白、黄或带红色的斑纹；头胸部常具粗糙刻点；触角短粗壮，11~13节；后足腿节极膨大；产卵器不伸出。寄生性，多数寄生鳞翅目和双翅目等昆虫。全世界已知1000余种，我国记录约166种。

姬蜂科 Lchneumonidae。体长2~35 mm；体多细弱，体形变化很大；触角长，丝状，多节；足转节2节，胫节距显著；腹部一般细长或极细长，圆筒形、侧扁或扁平；产卵器长度不等。寄生完全变态昆虫的幼虫和蛹，或寄生成蛛或蜘蛛卵囊。全世界已知近15 000种，我国记录1250余种。

茧蜂科 Braconidae。体长2~12 mm。特征与姬蜂科相似，但体形一般较小，以3~7 mm的居多，腹部较短；前翅多无小室或不明显，只有1条回脉，无第2回脉；腹部圆筒形或卵圆形，并胸腹节大型，第2、3节背板愈合，之间仅有横凹痕，不能自由活动；产卵器通常长或长于体长。多为内寄生，多寄生于鳞翅目等幼虫，有多胚生殖现象。幼虫老熟时在寄主体外结茧化蛹。全世界已知10 000余种，我国记录约950种。

青蜂科 Cbrysididae。体长多2~18 mm，多为青、蓝、紫或红色，并具金属光泽；体壁骨质化，光滑或有粗刻点及刻纹；触角短，12~13节，着生于近口器处；并胸腹节侧缘常有锐利的刺。腹部背板可见2~5节，通常3节；腹部能折在胸下方呈圆球防御。多寄生膜翅目、鳞翅目幼虫。全世界已知 2423 种，我国记录近 100 种。

土蜂科 Scoliidae。体长 9~36 mm，多数大型，粗壮多毛；体黑色，并有淡黄、橘黄或红色斑纹；触角短粗，雌性 12 节，弯曲，雄性 13 节，直；翅脉不达翅边缘，翅端部表面 1/4 或以上具细密纵皱隆线；各腹节边缘多毛；胫节扁平，有长柔毛。多寄生金龟等鞘翅目幼虫。全世界已知约 300 种。

蚁科 Formicidae。体长 1~20 mm，多为黑色、褐色、黄色或红色，体躯常平滑；头阔大，触角强膝状，4~13 节；有性个体有翅 2 对，工蚁通常无翅；腹部基部显著紧缩，形成腹柄；多态型社会性昆虫。全世界已知 9500 余种，我国记录 500 余种。

蛛蜂科 Pompilidae。体长 2.5~50 mm；黑色、深蓝色或红色，有金属光泽和鲜明的淡色斑纹；触角雌性 12 节，卷曲，雄性 13 节，一般线形，但死后卷曲；翅多数有黄褐色底色，外缘具黑斑；中胸侧板具 1 条斜沟；足细长，多刺。狩猎型，多数种类捕捉蜘蛛。在地下石块缝隙或朽木中建巢猎取蜘蛛后，放入巢中，幼虫即以为食。全世界已知约 4000 种。

胡蜂科 Vespidae。体中型至大型，体壁坚厚，光滑少毛；色泽鲜艳，黄色及黑红色，具黑色及褐色斑点及条带；触角雌性 12 节，雄性 13 节；翅狭长，停息时纵褶，除马蜂外后翅无臀叶。第 1、2 腹节间有明显缢缩；中足胫节端距 2 个；爪不分裂、不具齿。社会性昆虫，成虫捕食饲喂幼虫。全世界已知 2000 余种，我国记录约 100 种。

蜾蠃蜂科 Eumenidae。体中型至大型，似胡蜂；暗色，有白、黄、红色斑纹；中足胫节端距 1 个；爪有齿或分成瓣状；后翅具臀叶；腹部第 1、2 节间有明显的收缩形成腹柄，腹柄多数甚短，少数很长，腹柄与柄后腹间常明显缢缩。狩猎型，多捕捉鳞翅目幼虫。全世界已知约 3000 种，我国记录约 90 种。

蜜蜂科 Apidae。体长 2~39 mm，多为黑色和褐色，生有密毛；中胸背板的毛分枝或羽毛状；前翅缘室极长，约为宽的 4 倍，亚缘室 3 个；前足基跗节具净角器，后足胫节和基跗节扁平，形成携粉足；前、中足胫节各有 1 个端距，后足胫节无距。社会性或独居性昆虫，取食花粉等。全世界已知约 30 000 种，我国记录约 1000 余种。

泥蜂科 Sphecoidae。体小型至大型；细长，通常黑色，并有黄、橙或红色斑纹；体光滑裸露，被稀毛，或胸部具密毛但毛不分枝；腹柄细长而显著；足细长，中足胫节有 2 距。狩猎型，猎物范围很广。全世界已知 8000 余种，我国记录 330 余种。

## 第三节　天目山常见昆虫

### 一、食叶性昆虫

天目山常见的食叶性昆虫主要类型有：直翅目的蝗虫类，鞘翅目的象甲类、芫菁类，鳞翅目的夜蛾类、尺蛾类、刺蛾类、毒蛾类、舟蛾类、天蛾类、卷蛾类、斑蛾类、螟蛾类、袋蛾类、大蚕蛾类、灯蛾类、枯叶蛾类以及一些蝶类的幼虫，膜翅目的叶蜂类幼虫等。食叶性主要通过取食叶片影响植物的正常生长，严重时可导致植物死亡。

**(1) 银杏大蚕蛾 *Dictyoploca japonica***

分类：鳞翅目 Lepidoptera 大蚕蛾科 Saturniidae。

分布：黑龙江、吉林、辽宁、河北、陕西、山东、浙江、江西、湖北、湖南、台湾、广东、海南、广西、四川和贵州。

寄主：银杏、苹果、梨、李、柿、核桃、栗、榛、枫香等。

**(2) 扁刺蛾 *Thosea sinenisi***

分类：鳞翅目 Lepidoptera 刺蛾科 Limacodidae。

分布：浙江、东北、河北、山东、安徽、江苏、湖北、湖南、江西、福建、台湾、广东、广西、四川和云南。

寄主：麻、茶、桑、苹果、梨、桃、李、杏、柑橘、樱桃、枣、柿、枇杷、核桃等40余种植物。

**(3) 柳杉毛虫 *Hoenimnema roesleri***

分类：鳞翅目 Lepidoptera 枯叶蛾科 Lasiocampidae。

分布：浙江、福建、陕西、安徽、江西和湖南。

寄主：柳杉、杉木。

**(4) 樗蚕 *Philosamia cynthia***

分类：鳞翅目 Lepidoptera 大蚕蛾科 Saturniidae。

分布：吉林、辽宁、甘肃、河北、山西、陕西、河南、江苏、安徽、浙江、江西、湖北、湖南、福建、台湾、广东、海南、广西、四川、贵州、云南和西藏；朝鲜、日本。

寄主：含笑、白兰花等。

**(5) 栎褐舟蛾 *Naganoea albibasis***

分类：鳞翅目 Lepidoptera 舟蛾科 Notodontidae。

分布：浙江、辽宁、吉林、陕西、山东、湖南、湖北、江苏等。

寄主：麻栎、栓皮栎、白栎、槲等植物。

**(6) 鞭角华扁叶蜂 *Chinolyda flagellicomis***

分类：膜翅目 Hymenoptera 扁叶蜂科 Pamphiliidae。

分布：浙江、福建、湖北、四川。

寄主：柏木、柳杉。

## 二、钻蛀性昆虫

天目山常见钻蛀性昆虫主要类型有：鞘翅目的天牛类、吉丁虫类、象甲类，鳞翅目的木蠹蛾类、螟蛾类、卷蛾类以及一些膜翅目的蜂类等。钻蛀性昆虫主要通过幼虫钻蛀在树干内危害树木的生长。

**(1) 黑翅土白蚁 *Odontotermes formosanus***

分类：等翅目 Isoptera 白蚁科 Tennitidae。

分布：浙江、河南、江苏、安徽、湖南、湖北、四川、贵州、福建、广东、广西、云南和台湾。

寄主：甘蔗、花生、芋头、梨、桃、梅、柿、橡胶树、杉、松、桉等。

**（2）光肩星天牛 Anoplophora glabripennis**

分类：鞘翅目 Coleoptera 天牛科 Cerambycidae。

分布：浙江、辽宁、吉林、河北、陕西、山东、河南、安徽、江苏、湖北、广西和甘肃。

寄主：榆、苹果、梨、山楂、樱桃、李、梅、柳、栾树、元宝枫、杨等。

**（3）星天牛 Anoplophora chinensis**

分类：鞘翅目 Coleoptera 天牛科 Cerambycidae。

分布：浙江、辽宁、甘肃、河北、山西、陕西、河南、山东、江苏、江西、湖北、湖南、福建、广东、海南、广西、四川、贵州和云南；朝鲜、日本、缅甸和北美洲地区。

寄主：柑橘、梨、无花果、樱桃、枇杷、油桐、柳、白杨、桑、苦楝、木荷、桤木、油茶、栎、麻栎、榆、悬铃木、核桃、冬青、杏、乌桕、木芙蓉。

**（4）云斑天牛 Batocera horsfields**

分类：鞘翅目 Coleoptera 天牛科 Ceramhycidae。

分布：浙江、河北、陕西、安徽、江苏、江西、湖南、湖北、福建、广东、广西、四川、云南和台湾等。

寄主：桑、杨、柳、栎、榕、榆、桉、油桐、乌桕、女贞、泡桐、核桃、枇杷、山核桃、无花果、板栗、麻栎、木麻黄等。

**（5）松褐天牛 Monochamus alternatus**

分类：鞘翅目 Coleoptera 天牛科 Cerambycidae。

分布：浙江、福建、辽宁、河北、江西、安徽、河南、陕西、山东、湖南、湖北、江苏、广东、广西、四川、云南、贵州、西藏、台湾和香港；日本、韩国、墨西哥、美国、加拿大、朝鲜、老挝、越南等。

寄主：马尾松、黑松、雪松、火炬松、落叶松、思茅松、华山松、云南松、云杉、冷杉等。

**（6）微红梢斑螟 Dioryctria rubella**

分类：鳞翅目 Lepidoptera 螟蛾科 Pyralidae。

分布：黑龙江、吉林、辽宁、北京、河北、山东、安徽、浙江、江西、湖南、福建、广东、广西、四川和云南；欧洲地区。

寄主：马尾松、黑松、油松、赤松、火炬松、加勒比松、湿地松、云杉等。

**（7）竹笋禾夜蛾 Oligia vulgaris**

分类：鳞翅目 Lepidoptera 夜蛾科 Noctuidae。

分布：浙江、河南、陕西、江苏、安徽、江西、湖北、湖南、福建、台湾、广东、广西、贵州、四川、云南和重庆等。

寄主：毛竹、淡竹、刚竹、红竹、桂竹、哺鸡竹、石竹、慈竹、苦竹、紫竹、油竹等竹类及禾本科、莎草科杂草。

**(8) 柳杉大痣小蜂 Megastigmus cryptomeriae**

分类：膜翅目 Hymenoptera 长尾小蜂科 Torymidae。

分布：浙江、福建、台湾、江西和湖北；日本。

寄主：柳杉、圆柏。

**(9) 竹瘿广肩小蜂 Aiolomorphus rhopaloides**

分类：膜翅目 Hymenoptera 广肩小蜂科 Eurytomidae。

分布：浙江、安徽、江苏、福建、江西、湖南和湖北；日本。

寄主：毛竹。

## 三、根部昆虫

天目山常见的根部昆虫主要类型有：直翅目的蝼蛄，鞘翅目的金龟类、叩甲类幼虫等。根部昆虫的幼虫在地下取食植物根部影响蔬菜、树木及苗木的生长。

**(1) 东方蝼蛄 Gryllotalpa orientalis**

分类：直翅目 Orthoptera 蝼蛄 Gryllotalpidae。

分布：浙江、吉林、辽宁、河北、山东、陕西、江苏、湖南、江西、湖北、福建和四川等；东南亚地区。

寄主：禾谷类、豆类、瓜类、薯类、麻类、甜菜以及蔬菜、苗木等多种农林作物。

**(2) 铜绿丽金龟 Anomala corpulenta**

分类：鞘翅目 Coleoptera 丽金龟科 Rutelidae。

分布：黑龙江、吉林、辽宁、内蒙古、宁夏、河北、山西、陕西、河南、山东、江苏、安徽、浙江、江西、湖北和四川；朝鲜、蒙古。

寄主：苹果、山楂、海棠、梨、杏、桃、李、梅、柿、核桃、草莓等。

**(3) 丽叩甲 Campsostemus auratus**

分类：鞘翅目 Coleoptera 叩甲科 Elateridae。

分布：浙江、福建、湖北、江西、湖南、台湾、广东、广西、四川、云南、贵州和海南；越南、老挝、柬埔寨、日本。

寄生：松、杉。

## 四、刺吸性昆虫

天目山常见的刺吸性昆虫主要类型有：半翅目的蚧类、蚜虫类、蝉类、木虱类、粉虱类、蜡类，缨翅目的蓟马类等。刺吸性昆虫主要通过刺吸式口器刺吸植物的汁液，影响植物生长。

**(1) 蟪蛄 Platypleura kaempferi**

分类：半翅目 Hemiptera 蝉科 Cicadidae。

分布：我国北至辽宁，南至广西、广东、云南、海南，西至四川，东至舟山群岛；俄罗斯、日本、朝鲜、马来西亚等。

寄主：苹果、梨、山楂、桃、李、梅、柿、核桃、柑橘等。

(2)大青叶蝉 *Cicadella viridis*

分类：半翅目 Hemiptera 叶蝉科 Cicadellidae。

分布：全国各地均匀分布；国外朝鲜、日本、俄罗斯及欧洲地区。

寄主：苹果、梨、桃、葡萄、杨、柳、榆、桑等林木果树，以及麦类、谷类、豆类、地瓜等作物和一些杂草等。

(3)浙江朴盾木虱 *Celtisaspis zhejiangana*

分类：半翅目 Hemiptera 木虱科 Psyllidae。

分布：浙江、安徽、江苏。

寄主：朴树。

(4)松大蚜 *Cinara pinitabulaeformis*

分类：半翅目 Hemiptera 大蚜科 Lachnidae。

分布：浙江、辽宁、内蒙古、河北、河南、山东、山西、陕西、广西、四川、云南；日本、朝鲜和欧洲地区。

寄主：红松、油松、赤松、樟子松、马尾松等。

(5)山核桃刻蚜 *Kurisakia sinocaryae*

分类：半翅目 Hemiptera 蚜科 Aphididae。

分布：浙江、安徽山核桃产区。

寄主：山核桃。

## 五、捕食性昆虫

天目山常见的捕食性昆虫主要类型有：鞘翅目的瓢虫类、虎甲类、步甲类，膜翅目的胡蜂类，双翅目的食蚜蝇类，半翅目的蝽类，脉翅目的草蛉类，螳螂目的螳螂类等。捕食性昆虫主要通过捕食一些幼小昆虫作为食物来源，多数是重要的天敌昆虫。

(1)黄翅蜻 *Brachythemis contaminate*

分类：蜻蜓目 Odonata 蜻科 Lihellulidae。

分布：浙江、广东、福建、香港、江苏、云南和台湾；阿富汗、泰国、缅甸、印度尼西亚、印度、老挝、越南、斯里兰卡、新加坡、马来西亚、尼泊尔、菲律宾。

(2)中华屏顶螳 *Kishinouyeum sinensae*

分类：螳螂目 Mantodea 长颈螳科 Vatidae。

分布：浙江。

(3)七星瓢虫 *Coccinella septempunctata*

分类：鞘翅目 Coleoptera 瓢虫科 Coccinellidae。

分布：国内广布；蒙古、朝鲜、日本、印度及欧洲。

(4)灰龙虱 *Eretes sticticus*

分类：鞘翅目 Coleoptera 龙虱科 Dytiscidae。

分布：浙江、黑龙江、吉林、辽宁、河南、重庆、湖南、福建、台湾、陕西和江苏；世界广布。

(5) 中华虎甲 *Cicindela chinensis*

分类：鞘翅目 Coleoptera 虎甲科 Cicindelidae。

分布：浙江、甘肃、河北、山东、江苏、江西、福建、四川、广东、广西、贵州和云南。

(6) 长尾管蚜蝇 *Eristalis tenax*

分类：双翅目 Diptera 食蚜蝇科 Syrphidae。

分布：浙江、上海、甘肃、河北、江苏、湖北、湖南、福建、广东、重庆、四川、云南和西藏。

## 六、寄生性昆虫

天目山常见的寄生性昆虫主要类型有：膜翅目的姬蜂类、茧蜂类、小蜂类、赤眼蜂类等。寄生性昆虫主要通过寄生鳞翅目昆虫幼虫、蛹，叶蜂幼虫，甲虫幼虫、成虫等进行繁殖和生长，多为益虫。

(1) 家蚕追寄蝇 *Exorista sorbillans*

分类：双翅目 Diptera 寄蝇科 Tachinidae。

分布：浙江、湖北、湖南、江西、四川、云南、广东、福建、上海、安徽、河北、北京和辽宁；蒙古、日本、印度、马达加斯加及大洋洲、俄罗斯西伯利亚地区。

寄主：油松毛虫、马尾松毛虫、杨毒蛾、柳梢夜蛾、豆天蛾、家蚕、桑蟥、樟蚕、侧柏毒蛾、苎麻夜蛾、斜纹夜蛾、竹斑蛾、条毒蛾、竹织叶野螟、木毒蛾、油茶枯叶蛾等。

(2) 天牛茧蜂 *Parabrulleia shibuensis*

分类：膜翅目 Hymenoptera 茧蜂科 Braconidae。

分布：浙江、湖北、江西、福建；日本。

寄主：天牛幼虫。

(3) 切纹钩腹蜂 *Poecilogonalos intermedia*

分类：膜翅目 Hymenoptera 钩腹蜂科 Trigonalyidae。

分布：浙江、河南、湖南、云南。

寄主：叶蜂、胡蜂、鳞翅目昆虫。

## 七、传粉昆虫

天目山常见的传粉昆虫主要类型有：鳞翅目的蛾类和蝶类的成虫，膜翅目的蜂类，双翅目的一些蝇类等。传粉昆虫主要通过成虫在花丛中飞舞取食花粉和花蜜，并帮助植物授粉，是重要的传粉昆虫。

(1) 碧凤蝶 *Papilio bianor*

分类：鳞翅目 Lepidoptera 凤蝶科 Papilionidae。

分布：浙江、湖南、吉林、陕西、河南、四川、广东；朝鲜、日本、越南、缅甸。

寄主：柑橘、山茱萸、漆树等。

**(2) 青凤蝶 *Graphium sarpedon***

分类：鳞翅目 Lepidoptera 凤蝶科 Papilionidae。

分布：国内广布；亚洲各国大都分布。

寄主：樟树、沉水樟、假肉桂、天竺桂、红楠、香楠、大叶楠、山胡椒、番荔枝等植物。

**(3) 柑橘凤蝶 *Papilio xuthus***

分类：鳞翅目 Lepidoptera 凤蝶科 Papilionidae。

分布：国内广布；日本、朝鲜、缅甸、印度、马来西亚、菲律宾。

寄生：柑橘、吴茱萸等植物。

**(4) 东方菜粉蝶 *Pieris canidia***

分类：鳞翅目 Lepidoptera 粉蝶科 Pieridae。

分布：北京、浙江、广东、广西、香港；韩国、越南、老挝、缅甸、柬埔寨、泰国、土耳其。

寄主：白菜、白花菜、芥蓝等十字花科、白花菜科植物。

**(5) 黄尖襟粉蝶 *Anthocharis scolymus***

分类：鳞翅目 Lepidoptera 粉蝶科 Pieridae。

分布：浙江、黑龙江、辽宁、青海、陕西、山西、河北、河南、湖北和福建等；国外日本、朝鲜、俄罗斯。

寄主：十字花科植物。

**(6) 中华蜜蜂 *Apis cerana***

分类：膜翅目 Hymenoptera 蜜蜂科 Apidae。

分布：浙江、甘肃、新疆、河北、江苏、安徽、江西、湖北、湖南、福建、广西、四川、贵州和云南；朝鲜、日本、缅甸、印度。

寄主：各种农作物、果树、蔬菜等。

**(7) 黑足熊蜂 *Bombus atripes***

分类：膜翅目 Hymenoptera 蜜蜂科 Apidae。

分布：浙江、甘肃、新疆、河北、江苏、安徽、江西、湖北、湖南、福建、广西、四川等。

寄主：女贞、杜鹃、豆科植物等。

## 八、腐食性与粪食性昆虫

天目山常见的腐食性与粪食性昆虫主要类型有：鞘翅目的隐翅虫类、蜣螂类，双翅目的蝇类等。腐食性和粪食性昆虫通过产卵于腐朽及粪便物中获取营养供其生长发育，对生物链起着重要的作用。

**(1) 天目圆胸隐翅虫 *Tachinus（Tachinus）tianmuensis***

分类：鞘翅目 Coleoptera 隐翅虫科 Staphylinidae。

分布：浙江。

生境：栖居于草木或石下。

**（2）中华蜣螂 *Copris sinicus***

分类：鞘翅目 Coleoptera 金龟科 Scarahaeidae。

分布：浙江、福建、湖北、江西、广东、四川、云南和海南；越南、老挝、柬埔寨、缅甸、泰国。

生境：栖息在牛粪堆、人屎堆中，或在粪堆下掘土穴居。

**（3）中华绿蝇 *Lucilia sinensis***

分类：双翅目 Diptera 丽蝇科 Calliphoridae。

分布：浙江、陕西、湖北、江西、四川、贵州、台湾、云南和甘肃；泰国、马来西亚、巴布亚新几内亚。

生境：滋生于腐败的动物尸体、植物或粪便垃圾中。

# 参考文献

彩万志,庞雄飞,花保祯,等,2001. 普通昆虫学[M]. 北京:中国农业大学出版社.
陈继团,俞彩珠,1989. 天目山自然保护区植物病害名录[J]. 浙江林业科技,9(6):22-31.
戴芳澜,1979. 中国真菌总汇[M]. 北京:科学出版社.
戴玉成,2005. 中国林木病原腐朽菌图志[M]. 北京:科学出版社.
方中达,1998. 植病研究方法[M]. 3版. 北京:中国农业出版社.
贺伟,叶建仁,2017. 森林病理学[M]. 北京:中国林业出版社.
李海燕,易祖盛,舒琥,等,2007. 动物学野外实习教程[M]. 广州:华南理工大学出版社.
李泽建,赵明水,刘萌萌,2019. 浙江天目山蝴蝶图鉴[M]. 北京:中国农业科学技术出版社.
刘志琦,董民,2009. 普通昆虫学实验教程[M]. 北京:中国农业大学出版社.
荣秀兰,2003. 普通昆虫学实验指导[M]. 北京:中国农业出版社.
苏珂英,1996. 西天目山自然保护区的大型真菌[J]. 浙江农林大学学报,13(1):53-74.
汤亮,胡佳耀,宇之舟,等,2019. 采昆虫做标本[M]. 台北:海峡书局.
天目山自然保护区管理局,1992. 天目山自然保护区自然资源综合考察报告[M]. 杭州:浙江科学技术出版社.
吴鸿,吕建中,2009. 浙江天目山昆虫实习手册[M]. 北京:中国林业出版社.
吴鸿,王义平,杨星科,等,2020. 天目山动物志:第十卷[M]. 杭州:浙江大学出版社.
肖波,范宇光,2010. 常见蘑菇野外识别手册[M]. 重庆:重庆大学出版社.
徐华潮,吴鸿,杨淑贞,等,2002. 浙江天目山昆虫物种多样性研究[J]. 浙江林学院学报,19(4):350-355.
许志刚,2008. 普通植物病理学实验实习指导[M]. 北京:高等教育出版社.
杨平之,2016. 高黎贡山蛾类图鉴. 昆虫纲鳞翅目[M]. 北京:科学出版社.
叶建仁,贺伟,2011. 林木病理学[M]. 3版. 北京:中国林业出版社.
俞彩珠,陈继团,钱银岳,等,1989. 西天目山自然保护区大型真菌资源初步调查[J]. 浙江农林大学学报,6(30):320-326.
袁峰,张雅林,冯纪年,等,2006. 昆虫分类学[M]. 2版. 北京:中国农业出版社.
袁生,2010. 天目山微生物学野外实习手册[M]. 北京:高等教育出版社.
袁明生,孙佩琼,2013. 中国大型真菌彩色图谱[M]. 成都:四川科学技术出版社.
张浩淼,2019. 中国蜻蜓大图鉴[M]. 重庆:重庆大学出版社.
赵惠燕,2010. 昆虫研究方法[M]. 北京:科学出版社.
中国科学院动物研究所,1981—1983. 中国蛾类图鉴[M]. 北京:科学出版社.
周尧,1998. 中国蝴蝶分类与鉴定[M]. 郑州:河南科学技术出版社.
周尧,1999. 中国蝶类志[M]. 郑州:河南科学技术出版社.
朱建青,谷宇,陈志兵,等,2018. 中国蝴蝶生活史图鉴[M]. 重庆:重庆大学出版社.
Chapman R F, 2012. The insects: structure and function[M]. 5th edition. Cambridge: Cambridge University Press.

# 附　录

## 附录一　《天目山大学生野外实践教育基地》联盟章程

### 第一章　总　则

**第一条**　《天目山大学生野外实践教育基地》联盟(以下简称"联盟"),英文名称为Tianmu Alliance of Field Teaching Bases(缩写为TAB)。

**第二条**　本联盟依托天目山国家级大学生校外实践教育基地和教育部、国家基金委华东高校野外实习基地,由浙江天目山国家级自然保护区管理局牵头,浙江农林大学、浙江大学、南京大学、复旦大学、华东师范大学共同发起。

**第三条**　本联盟致力于为联盟成员提供合作交流平台,建立完善的野外实践教育基地人才培养体系,服务高校创新创业人才培养,打造教育部"六卓越一拔尖"计划2.0一流基地。

**第四条**　本联盟遵守宪法、法律、法规和国家政策,遵守社会道德风尚。以"共创平台、共享资源、共同超越"为宗旨,依照"自愿、公平、主体独立"原则开展工作。

### 第二章　工作内容

**第五条**　本联盟的工作内容:

(一)本联盟主旨为实现天目山实践教育资源优化管理,共建共享;一切实践活动受浙江天目山国家级自然保护区管理局管理,接受教育部相关教学指导委员会指导。

(二)围绕生物多样性保护实践教育为需求的大专院校,辐射至中小学生命科学类科普教育为对象的集实习、科普、创新教育为一体的实践教育平台。

(三)打造高校实践教学资源平台,实现优质野外实践教学资源共享。引导联盟成员将互联网、大数据、虚拟仿真和人工智能等国家扶植的新技术与大学生野外实践相结合,推动联盟成员加强专业实验室、虚拟仿真实验室、创客空间、创新俱乐部和实训中心等实践教学平台的建设工作。

(四)推进大学生实践教育计划的有序实施,打造多课程综合、多学科融合、多专业应用的实践课程群。实现集教学实习、创新教育、社会实践、毕业(生产)实习、科学研究等功能于一体的共建体系。

(五)组织联盟成员单位开展实践经验交流、课题研究、科创竞赛和成果展示等各类活动,促进相互沟通与合作、推动与其他国家(地区)高校之间的交流、进一步提高实践教育基地建设水平。

### 第三章　组织运行

**第六条**　联盟组织机构及职责:

(一)联盟大会。联盟实行单位成员制,确定联盟的方针和任务;审议通过或修改联盟章程;选举产生联盟各级理事单位;讨论审议联盟理事会年度工作报告,对联盟执行章程情况进行监督。

(二)联盟理事会。联盟理事会为本联盟最高权力机构,联盟理事会由联盟大会选举产生;理事长单位和理事单位由全体联盟单位组成,定期召开理事长会议及理事会会议,决议须经到会理事2/3以上同意方能通过。理事会主要职责:制定联盟章程;研讨联盟发展规划和工作计划;审批新成员的加入,终止成员资格;领导联盟秘书处开展活动;决定联盟的其他重大事项。

(三)联盟轮值理事长。轮值理事长由理事长单位推荐产生,每五年一届,主要职责是召集理事长会议或理事会会议,签署联盟有关重要文件等并管理理事会日常工作。

(四)联盟秘书处。联盟秘书处设在浙江农林大学,是理事会的常设办事机构,接受理事会领导,负责协调各联盟成员单位开展工作,管理联盟日常事务、承担教学资源共享平台管理工作。秘书处设秘书长一名、副秘书长若干名,并由浙江天目山国家级自然保护区管理局选派一名副秘书长担任协调工作。秘书长和副秘书长分别由浙江农林大学和浙江大学推荐,理事会批准。秘书处工作人员由秘书长聘任。

**第七条** 联盟运行机制。由理事会统一组织,按照联席会议制度决定重要事宜,以野外实践教育基地建设为载体,实行资源共享,成果共享,优势互补,风险共担,并以多样化与多层次的合作形式明确必要的责、权、利。

## 第四章 联盟成员

**第八条** 联盟成员为具备独立法人资格的高校和相关单位,法律地位平等,享受联盟成员权利,承担联盟成员义务,所有联盟成员实行预约实习制度。

**第九条** 联盟秘书处负责收集联盟成员单位实践教学时间、内容等相关需求,并与理事长单位根据需求完善网络预约平台,建设"菜单式"实践项目,完善实践基地基础建设、规划最佳实践路线及制作实践导航手册,为联盟成员单位顺利完成各类实践活动提供服务保障。

**第十条** 联盟成员各类实践活动需通过网络预约,经联盟秘书处汇总整理,由浙江天目山国家级自然保护区管理局审批,方可开展相关实践活动,并享受天目山自然保护区门票优惠政策。

**第十一条** 审议批准。

**第十二条** 加入联盟的程序。拟加入联盟的单位提交申请书,由秘书处审核。理事会联盟成员的退出:

(一)自动退出。两年内不履行联盟成员义务或不参加联盟活动的成员单位,经秘书处核实,理事会讨论后,视为自动退出;

(二)责令退出。违反联盟规定,情节严重者,经理事会决定,责令退出。

**第十三条** 联盟成员的权利:

(一)参加理事大会,参与理事长会议,讨论和决定联盟发展的重大事项;

(二)共享联盟各类创新创业教育实践资源；
(三)参加联盟组织的研讨会、经验交流、课题、竞赛、培训等各类活动；
(四)通过审批可享受天目山国家级自然保护区门票、食宿等相关优惠政策；
(五)预约使用天目山科技馆和实践基地综合实验楼；
(六)自愿退出联盟；
(七)享有联盟规定的其他权利。

**第十四条** 联盟成员的义务：
(一)遵守国家法律和联盟章程，维护联盟声誉和利益，执行联盟决议；
(二)积极向联盟提出发展规划和建议，推荐新成员单位加入；
(三)主动整合并向联盟共享本单位优质实践教学资源；
(四)积极承担联盟委托的各项工作。

## 第五章 联盟的解散和清算

**第十五条** 联盟因终止、解散或分立、合并等原因需要解体时，由理事会提出提案、表决、同意生效。

## 第六章 附 则

**第十六条** 本章程的修订由秘书处提出，经理事会讨论通过后生效。
**第十七条** 本章程由《天目山大学生野外实践教育基地》联盟负责解释。

## 联盟成员申请表

填表时间： 年 月 日

| 单位名称 | | | | | |
|---|---|---|---|---|---|
| 单位性质 | □高等院校　□科研院所　□事业单位　□企业单位 | | | | |
| 通讯地址 | | | 邮编 | | |
| 联系电话 | | | 传真 | | |
| 单位负责人 | | 联系人 | | 电话 | |
| 入联盟意愿 | 本单位自愿申请加入《天目山大学生野外实践教育基地》联盟，遵守相关法律，承认联盟《章程》，积极参加联盟各项活动，按时交纳联盟年费。<br><br><br>申请单位(盖章) | | | 负责人/联系人<br>（签字）：<br>年 月 日 | |
| 联盟成员权利 | 1. 法律地位平等；<br>2. 参加理事大会，具选举权、被选举权和表决权；<br>3. 共享联盟各类创新创业教育实践资源；<br>4. 参加联盟组织的各类活动；<br>5. 享受天目山自然保护区门票、食宿等相关优惠政策；<br>6. 入联盟自愿，退联盟自由。<br><br>联盟理事长(签章)　　　　　　　　　　　　　　　年 月 日 | | | | |
| 联盟秘书处审核意见 | <br><br><br>签字(盖章)　　　　　　　　　　　　　　　　　　　年 月 日 | | | | |
| 联盟理事会意见 | <br><br><br>理事长签字(盖章)　　　　　　　　　　　　　　　　年 月 日 | | | | |

# 附录二　天目山部分常见林木病害生态照

1. 茶饼病
2. 杜鹃饼病
3. 冠瘿病 (1)
4. 冠瘿病 (2)
5. 流脂流胶
6. 柳杉瘿瘤病

7. 煤污病

8. 楠木枝枯病

9. 泡桐丛枝病

10. 山茶褐斑病

11. 山核桃干腐病

12. 山核桃枯梢病

13. 山核桃蒾丝子　　14. 松材线虫病

15. 香樟基腐病　　16. 竹丛枝病　　17. 竹团子病

18. 竹子开花　　19. 竹子煤污病　　20. 紫薇白粉病

## 附录三　天目山部分常见大型真菌生态照

1. 金蝉花
*Cordyceps cicadae*

2. 灵芝
*Ganoderma lucidum*

3. 桑黄
*Phellinus igniarius*

4. 羊肚菌
*Morchella esculenta*

5. 蛹虫草
*Cordyceps militaris*

6. 竹荪
*Dictyophora indusiata*

7. 紫芝
*Ganoderma sinense*

# 附录四　天目山部分常见森林昆虫生态照

1. 伪圆跳虫科
Dicyrtomidae

2. 蜉蝣目亚成虫
Ephemeroptera

3. 联纹小叶春蜓
*Gomphidia confluens*

4. 晓褐蜻
*Trithemis aurora*

5. 锥腹蜻
*Acisoma panorpoides*

6. 叶足扇蟌
*Platycnemis phyllopoda*

7. 襀翅目
Plecoptera

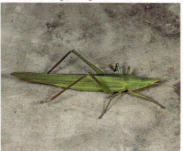

8. 螽斯科
Tettigoniidae

9. 云斑金蟋
*Xenogryllus marmoratus*

10. 日本钟蟋
*Meloimorpha japonica*

11. 短角外斑腿蝗
*Xenocatantops brachycerus*

12. 棉蝗
*Chondracris rosea*

附 录

13. 中华稻蝗  
*Oxya chinensis*

14. 蚱科  
Tetrigidae

15. 䗛目  
Phasmatoptera

16. 棕静螳  
*Statilia maculata*

17. 中华大刀螳  
*Tenodera sinensis*

18. 蜚蠊目若虫  
Blattaria

19. 纳螋  
*Nala lividipes*

20. 革翅目  
Dermaptera

21. 啮虫目  
Psocoptera

22. 蒙古寒蝉  
*Meimuna mongolica*

23. 蝉科  
Cicadidae

24. 中北矛角蝉  
*Basiprionota whitei*

25. 丽沫蝉属
Cosmoscarta sp.

26. 黑尾大叶蝉
Bothrogonia ferruginea

27. 斑衣蜡蝉
Lycorma delicatula

28. 碧蛾蜡蝉
Geisha distinctissima

29. 筛豆龟蝽
Megacopta cribraria

30. 茶翅蝽
Halyomorpha halys

31. 稻绿蝽
Nezara viridula

32. 二星蝽属
Eysarcoris sp.

33. 绿岱蝽
Dalpada smaragdina

34. 伊锥同蝽
Sastragala esakii

35. 中稻缘蝽
Leptocorisa chinensis

36. 小斑红蝽
Physopelta cincticollis

附 录

37. 齿缘刺猎蝽
*Sclomina erinacea*

38. 波带花蚤属
*Glipa* sp.

39. 离斑虎甲
*Cicindela separata*

40. 星斑虎甲
*Cylindera kaleea cathaica*

41. 中国虎甲
*Cicindela chinenesis*

42. 拉步甲
*Carabus lafossei*

43. 硕步甲
*Carabus davidis*

44. 大星步甲
*Calosoma maximoviczi*

45. 暗步甲属
*Amara* sp.

46. 红胸丽葬甲
*Necrophila brunnicollis*

47. 鳃金龟科
Melolonthidae

48. 横纹伪阔花金龟
*Pseudotorynorrhina fortunei*

附 录

49. 华武粪金龟
*Enoplotrupes sinensis*

50. 阳彩臂金龟 雄成虫
*Cheirotonus jansoni*

51. 福运锹甲
*Lucanus fortunei*

52. 亮颈盾锹甲
*Aegus laevicollis*

53. 黄斑锹甲
*Lucanus parryi*

54. 剪齿前锹甲
*Prosopocoilus forficula*

55. 锐齿半刀锹甲
*Hemisodorcus haitschunus*

56. 中华奥锹甲
*Odontolabis sinensis*

57. 大刀锹甲
*Dorcus hopei*

58. 中华拟鹿锹甲
*Pseudorhaetus sinicus*

59. 黄褐前锹甲
*Prosopocoilus blanchardi*

60. 桃金吉丁
*Chrysochroa fulgidissima*

附 录

61. 三角纹吉丁
*Coraebus hastanus*

62. 斑吉丁属
*Chrysobothris* sp.

63. 叩甲科
Elateridae

64. 叩甲科
Elateridae

65. 弩萤属
*Drilaster* sp.

66. 熠萤属
*Luciola* sp.

67. 利氏丽花萤
*Themus leechianus*

68. 窄胸红萤
*Lyponia* sp.

69. 龟纹瓢虫
*Propylaea japonica*

70. 异色瓢虫
*Harmonia axyridis*

71. 裂臀瓢虫属
*Henosepilachna* sp.

72. 豆芫菁属
*Epicauta* sp.

附 录

73. 大卫三栉牛
*Trictenotoma davidi*

74. 刺楔天牛
*Thermistis croceocincta*

75. 黑星天牛
*Anoplophora leehi*

76. 瘤胸簇天牛
*Aristobia hispida*

77. 珊瑚天牛
*Dicelosternus corallinus*

78. 天目山直脊天牛
*Eutetrapha tianmushana*

79. 缝刺墨天牛
*Monochamus gravidus*

80. 眼斑齿胫天牛
*Paraleprodera diophthalma*

81. 苎麻双脊天牛
*Paraglenea fortunei*

82. 折天牛
*Pyrestes haematicus*

83. 黄足黄守瓜
*Aulacophora indica*

84. 红胸负泥虫
*Lema fortunei*

附 录

85. 殊角萤叶甲属 *Agetocera* sp.
86. 大锯龟甲 *Basiprionota chinensis*
87. 黑盘锯龟甲 *Basiprionota whitei*
88. 甘薯蜡龟甲 *Laccoptera quadrimaculata*
89. 卷象科 Attelabidae
90. 卷象科 Attelabidae
91. 松瘤象 *Sipalinus gigas*
92. 隐皮象 *Cryptodcrma fortunei*
93. 筒喙象属 *Lixus* sp.
94. 筒喙象属 *Lixus* sp.
95. 螳蛉科 Mantispidae
96. 草蛉科 Chrysopidae

附 录

97. 毛翅目  
Trichoptera

98. 碧凤蝶  
*Papilio bianor*

99. 柑橘凤蝶  
*Papilio xuthus*

100. 柑橘凤蝶  
*Papilio xuthus*

101. 中华虎凤蝶  
*Luehdorfia chinensis*

102. 北黄粉蝶  
*Eurema mandarina*

103. 东方菜粉蝶  
*Pieris canidia*

104. 深山黛眼蝶  
*Lethe hyrania*

105. 中华矍眼蝶  
*Ypthima chinensis*

106. 电蛱蝶  
*Dichorragia nesimachus*

107. 黄钩蛱蝶  
*Polygonia c-aureum*

108. 斐豹蛱蝶  
*Argynnis hyperbius*

147

附　录

109. 琉璃蛱蝶  
*Kaniska canace*

110. 小红蛱蝶  
*Vanessa cardui*

111. 白弄蝶  
*Abraximorpha davidii*

112. 黑弄蝶  
*Daimio tethys*

113. 亮灰蝶  
*Lampides boeticus*

114. 琉璃灰蝶  
*Celastrina argiolus*

115. 蚜灰蝶  
*Taraka hamada*

116. 褐带卷蛾属  
*Adoxophyes* sp.

117. 绢须野螟属  
*Palpita*

118. 三角璃尺蛾  
*Krananda latimarginaria*

119. 尾尺蛾属  
*Ourapteryx* sp.

120. 小用克尺蛾  
*Jankowskia fuscaria*

121. 柳杉松毛虫茧  
*Dendrolimus houi*

148

附 录

| 122. 银杏大蚕蛾 *Dictyoploca japonica* | 123. 月形天蚕蛾 *Actias selene ningpoana* | 124. 眉纹天蚕蛾（樗蚕蛾属） *Samia cynthia* |

| 125. 肾毒蛾 *Cifuna locuples* | 126. 毒蛾属 *Lymantria* sp. | 127. 葩苔蛾属 *Barsine* sp. |

| 128. 鹿蛾属 *Amata* sp. | 129. 鹿蛾科 Ctenuchidae | 130. 肖毛翅夜蛾 *Thyas juno* |
| | | 131. 小菜蛾 *Plutella xylostella* |

132. 蝎蛉科
Panorpidae

133. 短柄大蚊属
*Nephrotoma* sp.

134. 扁角菌蚊科
Keroplatidae

附 录

**135. 细腹食蚜蝇属**
*Sphaerophoria* sp.

**136. 长尾管蚜蝇**
*Eristalis tenax*

**137. 实蝇科**
Tephritidae

**138. 同脉缟蝇属**
*Homoneura* sp.

**139. 蝇科**
Muscidae

**140. 丽蝇科**
Calliphoridae

**141. 寄蝇科**
Tachinidae

**144. 蚁科**
Formicidae

**142. 茧蜂科**
Braconidae

**143. 环腹瘿蜂科**
Figitigae

**145. 金环胡蜂**
*Vespa mandarinia*

**146. 陆马蜂**
*Polistes rothneyi*

**147. 东方蜜蜂**
*Apis cerana*

**148. 切叶蜂科**
Megachilidae

150